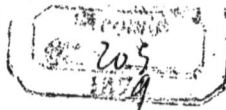

MANUEL-PRATIQUE

DE LA

CULTURE DE LA VIGNE

DANS LA GIRONDE

PAR

Armand CAZENAVE

Propriétaire à La Réole (Gironde)

F.F.

EN VENTE :

Chez FERET et FILS, libraires-éditeurs
15, cours de l'Intendance, 15
BORDEAUX

CHEZ L'AUTEUR
à La Réole
(Gironde)

1879

MANUEL-PRATIQUE

DE LA

CULTURE DE LA VIGNE

DANS LA GIRONDE

MANUEL-PRATIQUE

DE LA

CULTURE DE LA VIGNE

DANS LA GIRONDE

PAR

Armand CAZENAVE

PROPRIÉTAIRE A LA RÉOLE (GIRONDE)

MEMBRE DE LA SOCIÉTÉ D'AGRICULTURE DE LA GIRONDE
ET DU COMICE DE CRÉON ET DE L'ENTRE-DEUX-MERS

EN VENTE, A BORDEAUX :

Chez FERET et fils, libraires-éditeurs || CHEZ L'AUTEUR
Cours de l'Intendance, 15 || Rue Maucoudinat, 9

1878

AVIS

Toute reproduction ou traduction de cet ouvrage est interdite sans l'autorisation écrite de l'auteur. Tout exemplaire vendu devra être revêtu de sa griffe.

INTRODUCTION

La vigne est la principale richesse de la Gironde. Nos grands crûs font les délices des gourmets des deux mondes, et nos vins ordinaires eux-mêmes ont une place d'honneur sur toutes les tables bien servies, soit en France, soit à l'étranger. C'est une vérité qui n'a pas besoin d'être établie. Les incrédules, s'il y en avait, seraient de trop mauvaise foi, pour que l'on perdit son temps à les convaincre.

Il importe par conséquent à l'intérêt public de mettre de plus en plus en honneur, parmi nous, une culture dont la prospérité grande déjà, peut être encore augmentée. Tel est le but que nous nous proposons.

Les ouvrages savants sur la viticulture ne manquent pas. L'histoire et les sciences naturelles s'y étalent à plaisir. On y voit ce que devint la vigne chez les Grecs, ce qu'elle fut chez les Romains, ce qu'elle a été et ce qu'elle est encore chez les divers peuples modernes.... Les terrains y sont ensuite chimiquement analysés : on y indique en termes techniques, les éléments constitutifs des meilleurs engrais, etc. Cette lecture est attrayante sans doute; elle peut être même utile aux propriétaires instruits. Mais quel profit peuvent en tirer les paysans et les vignerons ?

C'est à cette dernière catégorie de lecteurs surtout que s'adresse le *Manuel pratique de la culture de la vigne dans la Gironde*. Au lieu de m'engager dans les considérations scientifiques, je bornerai mon travail à offrir à la classe intéressante des travailleurs de la vigne, les fruits de ma longue expérience et à les faire bénéficier des observations qu'une pratique de trente ans m'a permis de faire.

Je tiens à le déclarer, avant d'aller plus loin, je suis, dans la force du mot, *homme du métier*. Voué dès l'enfance à la culture de la vigne par la sage volonté de ma famille, j'ai exercé mon état avec une véritable passion. Il me sembla de bonne heure que la viticulture était suceptible de progrès et je tâchai d'y concourir dans la mesure de mes moyens. Tout en respectant les tradictions anciennes dans ce qu'elles me paraissaient avoir de bon, je ne pensai pas devoir courber la tête sous le joug tyrannique de ce que je crus n'être qu'une routine aveugle. Je créai peu à peu un nouveau système de culture qui porte mon nom, c'est la taille à cordons unilatéraux à longs bois.

J'ai eu des détracteurs. Pouvait-il en être autrement? Ce n'est jamais sans péril que l'on se met en lutte avec toute une population pour l'amener à renoncer à des habitudes acquises. L'histoire est là· pour prouver que, rarement, les inventeurs ont joui de leur gloire. Le temps seul se charge de faire justice de l'ignorance et de la passion. A la suite des détracteurs, sont venus les maladroits imitateurs. Après avoir insuffisamment étudié mon système, ils l'ont appliqué de travers et, en présence de leur insuccès, au lieu d'accuser leur inhabileté, ils ont, pour sauvegarder leur amour-propre, crié bien haut que le système était mauvais.

Heureusement des juges compétents ont prononcé leur arrêt. En 1849, la *Société d'agriculture de la Gironde* me décerna une médaille d'argent grand module ; elle y ajouta, en 1851 et en 1858, deux médailles d'or.

Je me croyais assez récompensé de mes labeurs par ces distinctions flatteuses, lorsque, par arrêté du 29 août 1858, M. le Préfet nomma, pour venir étudier mes vignes, une commission, dont le rapport, très-élogieux, fut envoyé à la *Société d'agriculture*. Cette Société désigna, en 1862, plusieurs de ses membres pour venir à leur tour inspecter mes vignes. Leur mémoire adopté en séance générale (16 janvier 1863) fut imprimé tout au long dans le recueil des *Annales de la Société*, et j'obtins à la suite la plus haute des récompense qui se décernent en semblable matière : une médaille d'or du Ministre de l'Agriculture.

Si je suis entré dans ces détails personnels, ce n'est certes pas pour satisfaire une sotte vanité ; c'est uniquement pour m'accréditer auprès du public, pour établir que j'ai qualité pour écrire ce livre et pour demander qu'on le parcoure avec l'attention que mérite toute œuvre sérieuse.

Comme son titre l'indique assez, le *Manuel pratique de la culture de la vigne dans la Gironde* ne contient pas seulement l'exposé de mon système, il traite de toutes les méthodes én vigueur dans le pays, pouvant être étudiées et expliquées, pour en signaler les avantages et les inconvénients.

Je l'ai divisé en trois parties :

Première partie : *De la constitution d'un vignoble.*

Deuxième partie : *De l'exploitation d'un vignoble.*

Troisième partie : *Des soins à donner aux produits d'un vignoble.*

En terminant cette introduction, qu'il me soit permis de réclamer l'indulgence de mes lecteurs. Je ne crains pas de l'avouer, je n'ai jamais fréquenté les colléges et les académies. Sorti à 13 ans d'une école primaire et mis à 17 ans à la tête d'une exploitation vinicole, je suis plus habitué à manier la bêche et le sécateur que la plume. Qu'on me pardonne donc, en faveur du but que je me propose, mon inhabileté à écrire. Je ne veux pas acquérir la réputation d'un lettré consommé, je ne brigue que l'honneur de devenir un conseiller utile.

A. Cazenave.

Frimont, La Réole, septembre 1876.

MANUEL-PRATIQUE

DE LA

CULTURE DE LA VIGNE

DANS LA GIRONDE

PREMIÈRE PARTIE

DE LA CONSTITUTION D'UN VIGNOBLE

CHAPITRE Ier.

DES TERRAINS PROPRES A LA CULTURE DE LA VIGNE ET DE LEUR PRÉPARATION.

Le climat tempéré de la Gironde permet d'y cultiver la vigne à toutes les expositions. La plus grande partie des terrains du département lui est également favorable. Les landes cependant doivent en être exceptées, soit à cause de l'extrême pauvreté de la terre végétale, soit à cause d'une couche d'alios, terre ferrugineuse agglomérée qui, empêchant l'infiltration des eaux pluviales, rend ces sols très-humides, à l'époque des pluies, et très arides en été. On peut en dire autant des terrains trop bas ou marécageux.

La vigne aime la chaleur; elle se procure la fraîcheur nécessaire en enfonçant ses racines à une grande profondeur. Un excès d'humidité lui est funeste; si, parfois, dans ces conditions, elle se couvre de jets vigoureux, elle demeure stérile, produit beaucoup de bois et peu de fruits.

Certains sols qui paraissent arides, produisent de belles vignes et d'excellents vins; cela tient à la constitution du sous-sol, il n'y a là aucune règle à établir, l'expérience et la connaissance du sol qu'on exploite valent mieux que toutes les définitions. Il suit de ces observations, qu'on ne peut établir théoriquement de règles absolues, pour désigner les terrains les meilleurs pour la culture de la vigne. Ici, comme en bien des choses, en agriculture, l'expérience fait loi.

Si le terrain sur lequel on veut planter la vigne est vierge de cette culture, il suffit, après l'avoir convenablement nivelé et assaini, de le défoncer, en le débarrassant des plantes nuisibles, des pierres, des racines d'arbres et de tout ce qui pourrait gêner les façons.

S'il s'agit, au contraire, d'une replantation sur un sol déjà épuisé, il sera bon d'y faire, pendant quelque temps, des cultures qui permettent de le bien amender.

Dans quelques localités, notamment en Médoc, où on est pressé de jouir à cause de la grande valeur des terres, il est d'usage de replanter en arrachant les vieilles vignes.

On opère alors par fossés de renversement qu'on fait de la largeur de l'espacement à donner aux lignes. Les plants racinés ou autres sont mis en place, sur le revers du fossé; on y met dans le fond les engrais ou amendements nécessaires et enfin on comble et on nivelle en creusant le fossé suivant. Par cette opération, le terrain se trouve renversé; la terre qui était à la surface est mise au fond des tranchées, et *vice-versa*. Si cela est nécessaire, il est très-facile de mélanger, dans les différentes couches du fond, des amendements tels que, terre de rivière, argiles, marnes, etc.

Le but de cette méthode est de gagner du temps; il est douteux qu'il soit atteint. Il serait préférable d'arracher la vigne de suite après la récolte, de manière à profiter des beaux jours de l'automne pour déblayer la surface du sol, y faire les travaux de nivellement, de drainage ou autres opérations de ce genre. On y ferait également tous les transports et étendages d'amendements ou fumiers nécessaires, qui seraient mélangés au sol, au moyen de labours successifs progressivement augmentés en profondeur.

Ces labours, au nombre de trois ou quatre, doivent se faire au printemps et dans le courant de l'été, la terre n'étant ni trop humide, ni trop sèche. En procédant ainsi, la dépense serait moins élevée. Le mélange des amendements avec une forte couche du sol serait parfait, et le défoncement fait à l'automne suivant, sur un terrain ainsi préparé, ne laisserait rien à désirer.

CHAPITRE II.

DES DÉFONCEMENTS.

Le défoncement du sol se fait, soit à tail ouvert au moyen de la bêche, soit par fossés de renversement, soit enfin à la charrue.

Le défoncement à tail ouvert est le moyen le plus généralement employé dans la Gironde. Il convient aux *terres franches* et aux terrains d'une coupe facile ; on peut obtenir, par ce moyen, avec des ouvriers consciencieux, jusqu'à 50 centimètres de défoncement régulier.

Dans les sols où l'argile, la grave, la pierre, ne permettent pas le défoncement à tail ouvert, on procède ordinairement par fossés de renversement. Ce défoncement, plus coûteux, est meilleur ; il permet de descendre à la profondeur que l'on désire et d'extraire du sol les pierres, l'alios et autres objets de mauvaise nature.

Pour le pratiquer, on ouvre sur un des côtés de la pièce, un fossé, dont les dimensions varient suivant la profondeur à donner au défoncement, et suivant la consistance du sol sur lequel on opère. Dans les palus et dans les sols argileux, on se sert de la bêche droite ou pelleferrée et on ne donne guère au fossé que de 60 à 70 centimètres de largeur, sur 50 ou 55 centimètres de profondeur. Dans les sols pierreux on emploie le pic, la pioche et la pelle et on fait le fossé de 80 centimètres à un mètre de large, sur une profondeur qui dépend des couches du sol que l'on veut atteindre ou percer.

Le premier fossé terminé, on en creuse, à côté, un autre semblable dont la terre sert à combler le précédent par couches successives ; ce qui fait que la terre du fond est celle qui se trouvait à la surface et réciproquement.

On procède de la même manière dans toute la pièce et on comble le dernier fossé en y transportant la terre extraite du premier. On obtient ainsi un défoncement parfait en même temps qu'un renversement complet du sol. La terre de dessus qui était fertilisée, étant enfouie profondément, attire et nourrit les jeunes racines de la vigne ; elle débarrasse, en même temps, la surface du sol des mauvaises herbes lesquelles, privées d'air et de lumière, pourrissent en engraissant la terre.

Dans le cours de l'opération, on doit rejeter, en un même lieu, les pierres, les blocs d'alios, les racines, en un mot, tous les objets de mauvaise nature, qu'on enlève avant la plantation.

Le défoncement à la charrue, si l'on dispose d'un bon instrument et de bons attelages et si le sol n'est pas trop en pente ou trop rempli de rochers et de racines, est le plus économique de tous, sans être le plus mauvais.

Avec la charrue Bonnet, d'Avignon, excellent instrument importé et préconisé dans la Gironde, par notre honorable Président de la Société d'Agriculture, M. Ferdinand Régis, on peut obtenir un travail ne laissant rien à désirer.

Cette charrue doit être traînée par quatre bœufs ou leur équivalent en chevaux. Elle doit être précédée d'une petite charrue ordinaire attelée de deux bœufs, pour tracer le sillon en enlevant une légère bande de terre. La grosse charrue passe dans le même sillon, pénètre la terre à une grande profondeur et la porte au moyen de son versoir habilement disposé, sur la terre déposée précédemment par la petite charrue.

Si ces deux charrues sont bien conduites, elles opèrent un renversement complet du sol; la terre de la surface étant enfouie au fond du défoncement.

Lorsqu'on opère sur des terrains graveleux renfermant des bancs d'alios amalgamés de cailloux, il est prudent d'armer la charrue d'un soc en acier bien trempé.

Si on défonce des terrains argileux très-tenaces, il est indispensable qu'un ouvrier suive la charrue pour verser constamment sur le versoir un petit filet d'eau; sans cette précaution, l'argile s'attache au versoir et il devient impossible de tenir l'instrument en terre, tandis qu'avec le moyen très-simple que j'indique, l'argile glisse sur le versoir et vient se déposer à la surface en longues bandes que les premières gelées désagrègent.

On peut, avec la charrue Bonnet et une force motrice suffisante, obtenir des défoncements très-réguliers, qui varient de 0^m 45 à 0^m 60 de profondeur.

CHAPITRE III.

—

DU PLANT.

Le choix du plant est l'opération la plus délicate et qui se recommande le plus à l'attention du viticulteur, s'il veut obtenir un rendement rémunérateur.

Quel est le propriétaire qui n'a pas remarqué, dans son vignoble, certains pieds de vigne qui produisent régulièrement beaucoup de fruits de bonne qualité, tandis que d'autres, quoique poussant tous les ans un grand nombre de mannes, ne donnent cependant que très-peu de raisins? On doit, dans le vignoble, faire une guerre acharnée à ces souches stériles et leur substituer, soit par la greffe, soit par tout autre moyen, des ceps de choix.

Presque tous les sarments d'un bon cep, peuvent servir de boutures pour de nouvelles plantations et de greffons pour les mauvais pieds ; il est toutefois essentiel que ces sarments aient fructifié, qu'ils aient poussé sur les bois de taille de l'année précédente et que la bouture ou le greffon soient pris à la base du sarment. Ces nouveaux ceps conservent toutes les qualités des pieds qui les ont produits, s'ils sont plan-

tés dans des sols qui leur conviennent ; car il est essentiel de faire remarquer que tel cépage, qui produit beaucoup dans un sol de côte ou
de graves, pourrait être sinon stérile du moins peu productif dans un
sol plus gras.

Qu'on applique la taille Guyot, la taille à cordons à longs bois, ou
toute autre taille, on n'obtiendra jamais un rendement rémunérateur,
si les plants n'ont pas été bien choisis. On obtiendra, au contraire,
d'excellents résultats et une production régulière, si on a pris toutes
les précautions dans le choix du plant employé

C'est un fait indiscutable, qu'un cep qui produit peu de raisins, est
plus vigoureux, a plus de sarments et, par conséquent, donne plus de
plants qu'un pied très-fertile en fruits. Partant de ce fait, on s'explique que, si des précautions ne sont prises lorsqu'il s'agit de faire de
nouvelles plantations, les mauvais pieds se multiplient dans une proportion très-grande.

Quelques temps avant les vendanges, alors que le premier venu peut
juger de la valeur de chaque cep par son produit, il faut suivre les vignes, pour marquer avec de la peinture tous les sujets mauvais, afin de
les greffer ou de les arracher impitoyablement, si, deux années de
suite, ils ne produisent pas de fruits ; d'un autre côté, il faut marquer
d'une nuance spéciale les pieds dignes d'être multipliés et sur lesquels
on doit prendre les plants nécessaires pour faire les greffes ou les
nouvelles plantations.

Si l'on est obligé de prendre des plants en dehors de la propriété, il
est bon de s'entourer de précautions ; mieux vaudrait retarder d'un an
une plantation, afin d'avoir du plant mieux choisi ; car il ne faut pas
perdre de vue qu'il ne suffit pas, pour obtenir du revenu, de créer, à
force d'argent, un vignoble dont les allées soient tracées et alignées
d'une manière irréprochable ; il est surtout important qu'il n'y ait pas
de pieds stériles, si l'on veut obtenir un rendement régulier.

Arrive maintenant une question importante : quels sont les cépages
que l'on doit cultiver de préférence dans un vignoble ? Je n'entre-
prendrai point de la résoudre, à cause du cadre restreint de mon travail ; je me bornerai à donner quelques avis aux propriétaires inex-
périmentés.

Il existe, dans chaque localité, des traditions qu'il serait très-impru-
dent de méconnaître. La valeur des grands vins de Médoc et de Sau-

ternes est due non-seulement à la nature du sol, mais encore et surtout aux cépages fins qu'on y cultive. Dans ces contrées privilégiées il faut s'en tenir aux cépages qui ont fait leurs preuves : les *cabernets*, les petits *verdots* en Médoc; le *sémillon* et le *sauvignon*, à Sauternes.

Le vin des palus de Montferrand devait son ancienne réputation aux *verdots* qui y étaient cultivés en assez forte proportion ; cette réputation s'affaiblira si on y multiplie en trop grande quantité des *merlots*, des *malbecs* ou des cépages plus communs.

A Saint-Émilion, ainsi que sur les bonnes côtes, on retrouve, sous d'autres noms, les cépages fins du Médoc : le *bouschet*, les *vidures* ne sont autre chose que des variétés de *cabernets*. Puisqu'ils réussissent et font la réputation du vignoble, on doit continuer à les cultiver dans les proportions déjà établies.

Donc, règle générale, il faut s'en tenir aux cépages cultivés dans chaque localité et, si l'on veut innover, on doit le faire avec la plus grande prudence. Il serait aussi chimérique de vouloir cultiver le *sauvignon* dans l'Entre-Deux-Mers, avec la pensée d'y faire des vins de prix, qu'imprudent de planter des *enrageats* à Sauternes, pour faire de l'abondance.

Les plants choisis avec tout le soin nécessaire, il faut aviser aux moyens de les conserver jusqu'au moment de la plantation, avec toutes leurs facultés de reprise.

Pour cela, dans un sol léger, qui ne doit pas être trop humide, on creuse des fossés d'une largeur égale à la longueur du plant à enterrer et de la profondeur de *trente* centimètres environ, au fond desquels on laisse un peu de terre meuble.

Les plants seront placés dans ces fossés, en couches assez minces, séparées par de la terre non pressée, qui devra garnir autant que possible tous les intervalles.

On dépose ordinairement dans ces fossés trois couches de plants ainsi superposés; la dernière couche est recouverte de dix centimètres de terre environ.

En mettant le plant en terre, on doit placer en travers, sous chaque couche, des osiers ou d'autres liens dont on relève les bouts au-dessus du sol. Ces liens indiquent la situation des plants et permettent de les lever sans les détériorer.

Avec ces précautions, et en ayant soin de couvrir chaque fossé d'une couche de paille ou de fumier non consommé, pour y entretenir la fraîcheur et l'arroser au besoin, si le printemps était sec, on peut conserver le plant jusqu'au 15 juin, sans qu'il perde ses facultés de reprise.

Le moment de la plantation venu, on doit déterrer les plants avec attention, par petites quantités ; on sépare ceux qui paraissent altérés et on plonge dans un bain le bout inférieur de ceux qui sont bien sains, jusqu'au moment de la mise en terre.

Ce bain se fait dans une baste, ou tout autre récipient, avec de la terre mélangée, si c'est possible, de fiente de bœuf délayée dans de l'eau. En prenant ces précautions et en soignant, dans la suite, la plantation, la réussite sera assurée.

CHAPITRE IV.

DE LA PLANTATION.

Dans les sols profonds et d'une nature perméable, on peut planter à partir du mois de novembre, jusqu'au 15 juin, si la terre est bien pré-parée. Il n'en est pas ainsi pour les terrains argileux ou humides, dans lesquels la plantation réussit mieux en avril et mai et même en juin, pouvu que le plant soit bien conservé.

Lorsqu'on emploie des plants racinés (barbots), il est préférable de faire la plantation en automne et avant que la terre ne soit trop mouillée. Avec des plants ordinaires ou boutures, il vaut mieux at-tendre le printemps.

La distance à observer entre les pieds varie suivant le mode de culture qu'on veut appliquer. Si je voulais énumérer les habitudes de chaque localité, un gros volume n'y suffirait pas, je me bornerai à indiquer ce qui se pratique généralement aujourd'hui dans les nouvelles plantations.

En Médoc, la plantation se fait en échiquier en laissant une intervalle de 0ᵐ90 à 1 mètre dans tous les sens entre chaque cep.

Dans les palus, on plante également en échiquier mais à la distance de 1ᵐ80 à 2 mètres en tous sens. Dans les terres fortes et sur les côtes où l'on cultive avec des bœufs, on laisse la distance de deux mètres entre les rangs et celle de un à deux mètres entre les pieds de chaque rège, suivant le mode de taille que l'on pratique et la qualité du sol.

Enfin, dans les terrains légers, ou les petites graves quise labourent avec un cheval, on laisse la distance de 1ᵐ30 environ d'un rang à l'autre et de 1ᵐ entre chaque cep.

Pour faire une plantation régulière, le moyen le plus simple consiste à tracer au cordeau des lignes sur le sol; d'abord dans la direction des rangs et ensuite transversalement et d'équerre à la distance qu'on veut observer entre les pieds. Le tracé terminé, il ne reste plus qu'à mettre un plant à chaque croisement de ligne.

Dans les terrains bien défoncés et bien friables, on enfonce quelquefois le plant à la fourchette. La fourchette est une petite tige de fer dont l'extrémité inférieure, un peu courbée, est fendue; un manche en fer ou en bois, disposé en croix en termine l'extrémité supérieure et permet de l'enfoncer dans le sol.

Le plant saisi dans la fente de la fourchette est entraîné facilement dans le défoncement à la profondeur nécessaire; il y reste quand on retire la fourchette.

Dans les terrains difficiles, on pratique un trou avec une barre de fer; on l'élargit au moyen d'un gros piquet enfoncé à la masse; on y met le plant et on le remplit d'un liquide très épais préparé à cet effet. Ce liquide composé de terre et d'excréments d'animaux délayés soit avec du purin soit simplement avec de l'eau, se dépose au fond du trou et garnit la partie inférieure du plant d'une manière parfaite.

Si l'eau n'est pas rare, on arrive presque au même résultat en préparant le liquide à chaque trou; on le remplit au trois-quart de terre légère et on y verse assez d'eau pour bien la délayer avec un bâton et la faire descendre en bouillie jusqu'au fond.

Pour élargir le trou fait avec la barre de fer, on se sert d'un piquet en bois dur de 1ᵐ10 environ de hauteur, ayant 0ᵐ10 de diamètre, dont les extrémités sont ordinairement garnies en fer. Une cheville transversale en bois ou en fer placée convenablement règle la profondeur à donner au trou.

Dans les terrains perméables et profonds, il n'y a nul inconvénient à enfoncer le plant jusqu'à la limite du défoncement c'est-à-dire à une moyenne de 0^m50 ; dans les sols humides, il vaut mieux ne le mettre qu'à 0^m40 au plus et enfin dans les sols très humides, les plants racinés ou autres ne devront pas dépasser 0^m30 de profondeur.

Dans ce dernier cas, il faut faire un petit trou à la pelle pour y coucher horizontalement l'extrémité inférieure de la bouture ou du plant raciné, en observant de faire le couchage en ligne des rangs.

La plantation terminée, il faut dresser les plants, les chausser à la bêche, les buter à la charrue et les rogner à un ou deux yeux au-dessus du sol.

Je conseille d'une manière toute particulière, de grouper chaque cépage dans une même pièce. La longueur de la taille diffère d'un cépage à l'autre, la maturation varie également; ce qui fait que, si les cépages sont bien séparés, l'office du vigneron ainsi que la surveillance du maître sont plus faciles. De plus, l'aspect général d'une pièce sera plus agréable, si tous les ceps ont à peu près la même vigueur ; ce qui ne pourrait avoir lieu si les cépages vigoureux étaient mélangés à ceux d'une végétation modérée.

A Sauternes, ou la cueillette se fait au moyen de triages successifs, quelquefois graine à graine, le mélange des cépages n'aurait pas les mêmes inconvénients; néanmoins, à cause de la taille et des proportions à garder entre les cépages, il est préférable de les séparer.

NOTA. — Avant d'opérer l'arrachage d'une vieille vigne, on doit examiner attentivement et noter avec soin, les cépages qui donnent, sur ce sol, les meilleurs résultats pour en tenir compte si plus tard on voulait replanter.

DEUXIÈME PARTIE

DE L'EXPLOITATION D'UN VIGNOBLE

CHAPITRE Ier

PRINCIPES GÉNÉRAUX DE LA TAILLE.

La taille de la vigne a pour but de favoriser la fructification de cet arbuste, tout en le maintenant dans les limites d'une végétation régulière ; elle varie suivant les localités. La perfection de chaque méthode tient à trois choses fondamentales dont le viticulteur doit tenir compte ; je veux dire : la forme du pied, les réserves pour assurer les tailles futures, et la charge à donner pour la production annuelle.

La *forme du pied* dépend du système de taille qu'on a adopté. Pour la conserver, il faut, quand on taille un cep, penser à l'avenir et ménager les yeux dont le développement peut fournir des sarments utiles au maintien de cette forme. On ne doit pas craindre de nuire à la production de l'année, en supprimant des yeux qui, quoique fructifères, sont placés dans une situation défavorable pour l'équilibre ou la régularité du pied.

Les *réserves*, pour assurer les tailles futures, comprennent les yeux, les cots de retour qu'il faut laisser au moment de la taille et les bourgeons placés en bonne situation, qu'on doit ménager en faisant l'épamprage en vert.

La *charge à donner* se mesure sur la vigueur et la fertilité du sujet. Pour le déterminer, le vigneron doit examiner d'un coup d'œil la taille

2

laissée l'année précédente et le résultat obtenu ; il verra, d'après le nombre et la grosseur des sarments, si le cep a augmenté ou diminué de vigueur ; les pédoncules des fruits adhérents aux sarments lui diront qu'elle a été sa fertilité. La charge devra être augmentée dans le cas où le cep aurait pris de la vigueur, sans donner une quantité suffisante de fruits. Elle devra être diminuée, dans le cas où, la production ayant été abondante, la végétation aurait été faible.

Que les vignes soient vieilles ou qu'elles soient jeunes, il ne faut pas craindre de les charger, lorsqu'elles sont vigoureuses ; mais il faut les ménager lorsqu'elles sont chétives ou d'une végétation ordinaire, que ce soit le fait de la qualité du sol ou de la fertilité du cépage.

Par une taille faite avec intelligence, la vigne conserve toujours, à moins d'accidents, une forme régulière ; tandis que, si on taille sans principes, les ceps ne conservent pas longtemps leur uniformité. Il est donc facile, en parcourant les vignobles, de reconnaître les localités où cette opération est faite avec méthode.

La forme de la taille varie suivant les contrées. Chaque système a un centre où il est mieux exécuté ; il perd de sa régularité à mesure qu'on s'en éloigne.

Dans la Gironde, quatre systèmes principaux sont en vigueur, savoir :

1º La taille à cot en cul-de-lampe ;

2º La taille de St-Macaire ;

3º La taille à trois astes ;

4º La taille basse.

Le premier de ces systèmes doit s'employer sur les cépages d'une grande fertilité comme le *chasselas*, l'*enrageat* ou *folle blanche*, le *jurançon blanc*, ainsi que sur quelques cépages rouges très productifs.

Le deuxième et le troisième, qui favorisent la fructification, ne doivent être employés que sur des terrains très généreux : palus, bonnes côtes ou plaines.

Le quatrième, n'est guère employé qu'en Médoc.

Ces quatre systèmes, je les décrirai tels qu'on les pratique dans les localités où on les exécute avec le plus de méthode. J'indiquerai les moyens de les perfectionner en remédiant à certains vices que je leur aurai reconnu.

Après avoir passé en revue les diverses méthodes citées précédemment, je décrirai le système de taille à cordons unilatéraux que je pratique sur mon vignoble de La Réole depuis plus de vingt ans. J'ai créé moi-même ce système, en empruntant aux autres ce qui me paraissait avantageux, tant sous le rapport de la culture, que sous celui de la fructification.

Je parlerai aussi de la taille du docteur Jules Guyot, taille très-simple, d'une application facile, qui pourrait, dans notre département, rendre des services sur des terrains de moyenne fertilité.

Je dirai également quelques mots sur la culture de la vigne en *chaintres*, qui a été inventée, il y a environ trente-cinq ans, par un simple vigneron, Denis Lussaudeau, de la commune de Chissay, près Montrichard (Loir-et-Cher). Cette culture, qui pourra paraître bizarre, pour ne pas dire extravagante, à beaucoup de vignerons de notre pays, n'en est pas moins très-rationnelle; appliquée avec intelligence, elle donnerait, sur certains sols de la Gironde, des résultats splendides.

Ceux qui voudraient connaître cette méthode à fond, n'ont qu'à s'adresser à M. A. Vias, instituteur à Chissay, par Montrichard (Loir-et-Cher), pour lui demander la brochure qu'il a publiée pour la description de ce sytème. Cette brochure, avec figures explicatives dans le texte, est du prix de 2 fr. 50 c.

Il n'entre pas dans mes vues de préconiser telle méthode plutôt que telle autre. Je chercherai à exposer les principes de chacune d'elles, avec le plus de clarté possible, laissant aux viticulteurs le soin de choisir celle qui leur conviendra le mieux, tant à cause de la nature du sol qu'ils exptoitent, qu'à cause des aptitudes du personnel qu'ils devront employer.

Il y a une chose qu'il ne faut pas perdre de vue : dès que la vigne, jeune plantée, pousse des rameaux suffisants, on doit se décider pour le système de taille à adopter. Tout retard apporté dans la constitution normale de la tige est une dégradation du cep et un ajournement de la production rémunératrice.

Non-seulement il faut dresser tout de suite la vigne à sa forme, mais il faut tout de suite compléter sa charpente, pour avoir des ceps bien établis, sans difformité, dans lesquels la sève circule librement et alimente bien également chaque courson ou chaque aste.

La taille peut s'exécuter pendant tout le temps du repos de la végétation, c'est-à-dire depuis le moment de la chute complète des feuilles, jusqu'à ce que la sève se remet en mouvement; ce qui a lieu vers la fin de février. Il faut toutefois éviter de tailler avec des froids trop rigoureux.

Quel que soit le système de taille qu'on veuille adopter, la conduite de la vigne est la même pour les deux premières années.

J'ai dit précédemment, au chapitre IV de la première partie que, la vigne étant plantée et butée, chaque plant devait être rogné à deux yeux au-dessus de la terre.

Ces jeunes ceps poussent quelquefois avec vigueur; bien souvent, au contraire, ils ne développent la première année que des bourgeons très-faibles. Les figures 1, 2, 3 et 4 donnent l'aspect des plants après la première pousse, avant la taille; figure 1, plant raciné ou bouture d'une réussite exceptionnelle; figure 2, bonne réussite; figure 3, réussite très-ordinaire; figure 4, plant très-faible.

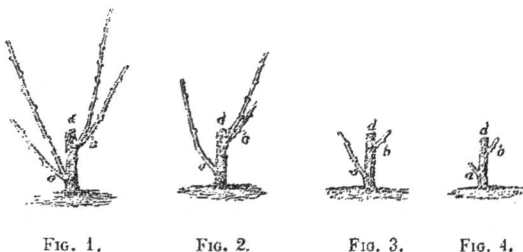

FIG. 1.   FIG. 2.   FIG. 3.   FIG. 4.

Cette première année, ilfaut tailler le plus bas des sarments *a, a, a,* figures 1, 2 et 3, à un ou deux yeux, et supprimer radicalement les autres tout en conservant le vieux bois; sur les plants faibles comme la figure 4, il suffit d'enlever les pousses supérieures ras du vieux bois, en laissant celle du bas intacte sans la tailler. Le vieux bois, sans être nuisible, sert à attacher les jeunes bourgeons, et empêche le cep d'être recouvert par les façons de charrue ; il ne doit être supprimé qu'à la deuxième taille.

Il serait bon que toutes les jeunes vignes, sans en excepter même l'*enrageat*, fussent garnies de petits tuteurs pour maintenir les ceps droits et bien en ligne jusqu'au moment où ils sont assez forts pour se passer d'un appui. Il n'est question ici que des vignes cultivées sans échalas, les autres devant en avoir à partir au moins de la seconde année.

La deuxième taille étant faite ordinairement en vue de préparer la vigne à être *anquée*, l'année suivante, sera expliquée à la description de chaque méthode. Le mot *anquage* est le terme usité, dans presque toutes les localités de la Gironde, pour désigner le point de bifurcation ou de départ de la forme de chaque système de taille.

Beaucoup de vignerons font l'*anquage* ras de terre et l'élèvent ensuite, peu à peu, à mesure que la vigne vieillit, en lui supprimant les bras inférieurs. Un cep de vigne est comme un arbre fruitier ; il doit être, dès son jeune âge, dirigé selon la forme qu'on veut lui donner. Il est évident que si, dans le principe, l'*anquage* est fait ras de terre pour être élevé plus tard, on sera dans l'obligation de faire de fortes amputations toujours nuisibles à la souche. Cela explique également le peu d'uniformité dans la forme des ceps de certains vignobles.

Tous les ceps, taillés selon la même méthode, ont nécessairement le même aspect, s'ils sont de même âge et si la vigne a été bien conduite. Il n'est pas plus difficile de dresser sur un plan donné, la forme d'un pied de vigne que la forme d'un arbre ; par conséquent, tous les ceps dressés d'après les règles d'un système doivent se ressembler ; s'il y a des exceptions, elles sont rares et dues presque toujours à des accidents.

Dans la description de chaque système de taille, je signalerai les localités, ou les vignobles, qu'on pourra visiter comme types du genre.

CHAPITRE II.

—

DE LA TAILLE A COURSONS EN CUL DE LAMPE.

Les vignobles plantés d'*enrageat* ou *folle blanche*, de *jurançon blanc*, et en général de tout cépage blanc ou rouge très-productif, doivent être taillés à *coursons* de trois yeux au plus. Presque toutes les vignes blanches du Fronsadais, de l'Entre-deux-Mers et de la Bénauge, sont taillées ainsi. On peut voir dans les communes de Saint-Ciers-d'Abzac et de Maransin, canton de Guîtres, des types irréprochables de ce système; c'est par milliers qu'on y trouve des ceps très-âgés aussi régulièrement dressés que nos figures 10 et 11.

Dès que les ceps ont assez de vigueur pour donner des sarments d'un mètre de long, ce qui arrive ordinairement à la pousse de la deuxième feuille, on doit les tailler en vue de les anquer à la taille suivante. A cet effet on ne laisse à chaque cep que le sarment le mieux disposé pour être attaché verticalement à un échalas (soit *a* fig. 5.)

Ce sarment doit être rogné de manière à ce que l'avant-dernier bouton supérieur soit juste à la hauteur de l'anquage, qui doit s'établir à environ 0ᵐ30 du niveau moyen du sol.

On ne laisse à ce sarment que les trois yeux supérieurs; on supprime tous les autres en faisant la taille; on enlève à l'ébourgeonnage en vert ceux qu'on aurait laissés. La figure 6 représente un cep de cet âge taillé et palissé.

Chaque pied taillé ainsi, poussera deux, trois et quelquefois quatre sarments, qu'on devra attacher avec soin. (Voir fig. 7). Il n'est pas rare de voir de beaux raisins sur les vignes de cet âge.

A la troisième taille, on anque les jeunes ceps; pour cela, on taille à deux ou à trois yeux, suivant la vigueur du sujet, les deux sarments les mieux placés pour former un V ouvert et on supprime tous les autres. (Voir fig. 8.)

Fig. 5.　　　　　Fig. 6.　　　　　Fig. 7.　　　　　Fig. 8.

A cette méthode de taille, on doit épamprer avec soin tous les bourgeons venus sur le vieux bois, c'est-à-dire tous ceux venus au-dessous des bois de taille de l'année. Epamprage, est le mot usité pour désigner l'opération qui consiste à débarrasser les ceps des bourgeons, qui, n'étant ni fructifères ni utiles aux tailles suivantes, apporteraient la confusion dans la végétation de l'année. Cette opération se fait vers le mois de mai quand tous les bourgeons sont bien partis; on la renouvelle en juin sur les jeunes vignes, plus sujettes que les vieilles à une végétation surabondante.

A la quatrième pousse, la vigne produit ordinairement de cinq à huit sarments et doit commencer à donner un bon produit.

A la quatrième taille, si la vigne est vigoureuse, on peut bifurquer les deux cots de l'année précédente, on a alors quatre cots de deux ou trois yeux par cep, comme à la figure 9. Les ceps d'une végétation ordinaire ou faible doivent être maintenus à deux cots taillés courts, pour réduire leur production en fruits et augmenter leur vigueur. A mesure que la vigne devient forte et prend de l'âge, on augmente peu à peu le nombre des cots en les bifurcant.

Ce n'est guère qu'à l'âge de vingt-cinq ou trente ans qu'une vigne bien conduite atteint tout son développement. A cet âge, chaque cep doit avoir, suivant sa force végétative, six, huit, quelquefois dix branches bien établies , surmontées d'un cot de deux yeux. (Voir les figures 10 et 11.)

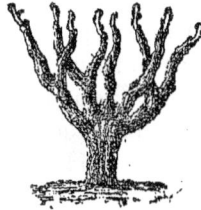

Fig. 9.   Fig. 10.   Fig. 11.

Pour la facilité des labours, on doit maintenir la forme du cep en gobelet allongé dans le sens du rang. Les bras de chaque cep doivent être bien répartis dans la circonférence du gobelet et maintenus à même hauteur. Il faut également veiller à maintenir l'équilibre aussi parfait que possible entre tous les bras d'un cep ; il suffira pour cela de laisser à la taille moins de boutons sur les cots des bras vigoureux et pincer au besoin, vers la fin de juin, les bourgeons de ces bras.

Avec cette méthode, un vigneron soigneux peut tailler sa vigne pendant trente ans sans le secours de la scie. Cet instrument n'est utile que dans des cas exceptionnels, si un accident brisait une branche mère, ou à la suite d'une gelée ou d'une grêle désastreuse, ou enfin quand la vigne, à cause de son âge, arrive à son déclin et qu'il est utile de lui supprimer des ramifications.

Le viticulteur ayant quelque expérience, doit comprendre qu'en élevant la vigne suivant les règles que nous venons de donner, on peut arriver à une forme très-régulière de l'ensemble des ceps, ainsi qu'à l'équilibre parfait des bras de chacun d'eux. La sève étant également distribuée, les produits sont plus abondants et meilleurs.

Je suis convaincu que le vignoble de Sauternes se trouverait parfaitement d'une taille semblable ; le terrain y est généreux, et les cépages assez fertiles ; on y taille tout à court bois ; mais malheureusement sans méthode et d'une façon barbare.

Il est très-regrettable que des vignes produisant un vin si estimé, soient abandonnées à la routine. Sur les grands domaines en général, la vigne n'est pour le vigneron qu'un arbuste, qu'il dirige de manière à ce qu'il lui fournisse le plus de bois de chauffage possible. La moitié du sarment de son prix fait lui appartient; tous les bras qu'il rabat, ainsi que tous les pieds qu'il supprime, sont sa propriété; chaque millier de boutures qu'il sort lui est payé 5 fr. si c'est pour le propriétaire, 8 et même 10 fr. si c'est pour un étranger; son seul avantage est que la vigne soit vigoureuse, peu lui importe qu'elle soit fructifière, que la végétation soit équillibrée, que le pied soit haut ou bas, s'il peut supprimer un bras en le remplaçant par une épampre ou par un cot, il est rare qu'il ne le fasse pas, pour s'approvisionner en bois.

Je dois ajouter que le vigneron n'a ni l'intention ni la conscience de mal faire, il a toujours fait et vu faire ainsi; il monte un pied pour le rabattre plus tard, croyant lui donner de la vigueur par cette opération. Il ignore complètement les premières notions de physiologie végétale, n'ayant jamais entendu raisonner une taille méthodique. Comme il fait le premier vin blanc du monde, il accepterait difficilement des leçons. Seul donc, un propriétaire intelligent peut introduire des réformes dans la taille de ce pays en exécutant lui-même une méthode rationnelle.

CHAPITRE III.

—

DE LA TAILLE DE SAINT-MACAIRE.

C'est par la taille de Saint-Macaire que j'ai débuté dans la carrière viticole. J'eus pour diriger mes premiers pas dans son application un habile cultivateur qui m'initia bien vite à tous les secrets de cette méthode. Elle est avantageuse, à certains égards, mais elle n'est pas sans défauts.

Avec ce système, les vignes chargent beaucoup; mais quand l'année est abondante, les raisins sont très-agglomérés à l'extrémité de la tirette; ils mûrissent mal, sont échaudés, et la qualité du raisin s'en ressent.

C'est dans les environs de Saint-Macaire, et particulièrement à Saint-Pierre-d'Aurillac, que ce système de taille est pratiqué avec le plus de perfection. Avant l'apparition de l'oïdium, les vignes y étaient splendides ; il n'était pas rare, les années abondantes, d'y trouver des productions de dix-huit tonneaux à l'hectare.

La vigne, dans cette localité, est cultivée à joualles ou à rangs seuls. On appelle joualle, deux rangs distancés de 0^{m}80 à 1 mètre. La distance d'une joualle à l'autre est large quand on cultive des céréales; elle est de deux mètres pour les vignes où on ne fait pas de cultures intercalaires. Les rangs seuls sont très-distancés, avec des cultures mixtes, ils sont à deux mètres généralement pour les vignes en plein. Dans les rangs, tant à joualles qu'à rangs seuls, la distance d'un pied à l'autre est toujours d'un mètre.

Les vignes de Saint-Macaire sont disposées à deux bras qu'on met,

autant que possible, en espalier, dans la direction des rangs. L'anquage ou point de bifurcation des deux bras, se fait à environ 0^m30
du niveau moyen du sol.

Avant d'entrer dans plus de détails sur cette méthode, je crois utile,
pour l'intelligence du lecteur, de lui faire connaître les termes employés dans le pays, pour désigner les divers bois laissés à la taille,
qui sont : la *tirette*, la *flage*, le *cot* et le *retour* ou *cot de retour*.

La *tirette c*, figures 16, 18 et 20, est la branche à fruit par excellence; on lui donne de 0^m70 à 1 mètre 20 de longueur; l'extrémité se
replie en arc *g*, figures 16 et 20, ou en tortillon *h*, figure 18 ; d'elle
dépend presque toute la production de l'année.

La *flage b*, figures 14 et 20, est un sarment taillé, de 0^m35 à
0^m50, qui, comme la tirette, se recourbe sur le pied, près de sa base,
mais dont l'extrémité ne se replie pas en tortillon.

Le *cot c*, figures 14, 16, 18 et 20, est un sarment taillé à deux ou à
trois yeux au plus; c'est sur ce cot que repose l'espoir du vigneron
pour y laisser la flage ou la tirette l'année suivante.

Le *retour* ou *cot de retour f*, figures 18 et 20, est un petit cot d'un
ou de deux yeux au plus, taillé sur un sarment laissé sur le vieux bois,
soit pour y asseoir un nouveau bras, soit pour y retourner un bras trop
encouru, c'est-à-dire trop allongé.

Les vignes d'une végétation moyenne portent ordinairement un cot
sur l'un des bras et une tirette plus ou moins longue sur l'autre; celles
qui sont très-vigoureuses, à l'âge adulte, c'est-à-dire à douze ou
quinze ans, ont quelquefois une tirette, une flage et un cot, comme le
représente la figure 20.

Chaque cep est ordinairement soutenu par deux échalas, l'un placé
au pied pour le soutenir et former la courbe de la flage ou de la tirette,
l'autre plus petit est placé à distance voulue pour le palissage de la
flage ou de la tirette ; quelquefois même certains pieds ont trois échalas,
comme celui que représente la figure 20.

A la deuxième ou à la troisième taille, selon que la plantation a acquis une vigueur suffisante, on doit préparer la vigne pour l'anquer
à la taille suivante. Dans ce but, chaque pied sera taillé sur un seul
sarment, le mieux disposé pour être attaché verticalement à un échalas;
il sera rogné de manière à ce que l'avant-dernier bouton supérieur,
b, figure 12, se trouve à environ 0^m30 du niveau moyen du sol. Il

ne faut laisser sur ce sarment que les trois boutons supérieurs *a, b, c,* figure 12.

Fig. 12.   Fig. 13.

Chacun de ces jeunes ceps poussera, suivant qu'il est vigoureux, deux, trois ou quatre sarments qu'on devra attacher avec soin au tuteur, à mesure qu'il se développent. Le résultat de la végétation, à la fin de l'automne, sera à peu près celui que représente la figure 13.

C'est à la taille suivante qu'on anque la vigne en lui laissant pour bois de taille un cot et une flage. Le cot doit toujours être laissé au-dessus de la flage; c'est pourquoi, ce n'est qu'après examen attentif du pied, qu'on doit faire le choix du cot et de la flage, en observant que la bifurcation soit à peu près à la hauteur voulue. Si la flage (fig. 13) devait être laissée sur le sarment *b,* on laisserait le cot sur le sarment *a;* si au contraire la flage était mieux sur le sarment *c,* le cot serait alors laissé en *b,* c'est-à-dire immédiatement au-dessus de la flage.

La longueur de la flage doit être en rapport avec la vigueur du sujet; elle doit être repliée sur l'échalas du cep, en formant en *d* une courbe bien régulière, comme on le voit par la figure 14.

La figure 15 représente la végétation d'un cep de vigne, à la fin de l'automne, l'année de l'anquage, après la chute des feuilles.

Sur les sols maigres ou peu généreux, on se contente, les premières années de l'anquage, de ne laisser aux jeunes ceps que deux cots. Le vigneron intelligent ne doit jamais perdre de vue, qu'il est aussi important de ménager les vignes chétives, que nécessaire de charger celles qui ont de la vigueur.

Nous avons dit précédemment que le cot doit être, au plus, de deux yeux. Sur des vignes jeunes, très-vigoureuses, on le laisse quelquefois de trois yeux. C'est sur le cot qu'on doit trouver, l'année suivante, la flage ou la tirette ; c'est pourquoi, il est important de ne pas le tailler trop long, afin que les sarments s)ient bien nourris, et aussi près que possible de la couronne du vieux bois, pour que les bras de la vigne ne s'allongent pas trop vite.

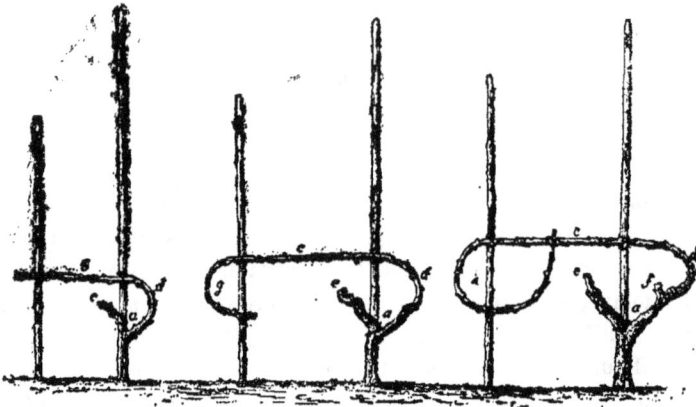

FIG. 14.   FIG. 16.   FIG. 18.

La tirette étant la branche à fruit, c'est par elle, qu'on devra règlementer la production du pied. Sa longueur devra varier, suivant la vigueur et la fertilité du sujet. Certains cépages cultivés à Saint-Macaire, ne produisent qu'à la condition d'avoir une tirette très-longue ; d'autres, au contraire, comme le *grapput* ou *bouchalès,* seraient vite épuisés, et ne produiraient que des raisins échaudés, par une taille semblable. C'est surtout en présence de faits de ce genre, qu'on comprendra la nécessité de l'uniformité des cépages que j'ai préconisée dans la première partie de ce manuel.

La flage ou la tirette devront être courbées sévèrement, en revenant sur le pied pour s'attacher à l'échalas (voir *d*, figures 14, 16 et 18).

Cette courbure a pour but de contrarier la sève et de provoquer à la base de la tirette, la sortie de quelques bourgeons assez vigoureux pour y établir le cot à la taille suivante. Sans cette précaution, si la courbe était trop développée, la sève se porterait en abondance vers l'extrémité de la branche à fruit, les yeux de la base avorteraient ou ne pousseraient qu'éloignés du vieux bois, et les bras s'allongeraient trop vite, ce qui serait disgracieux.

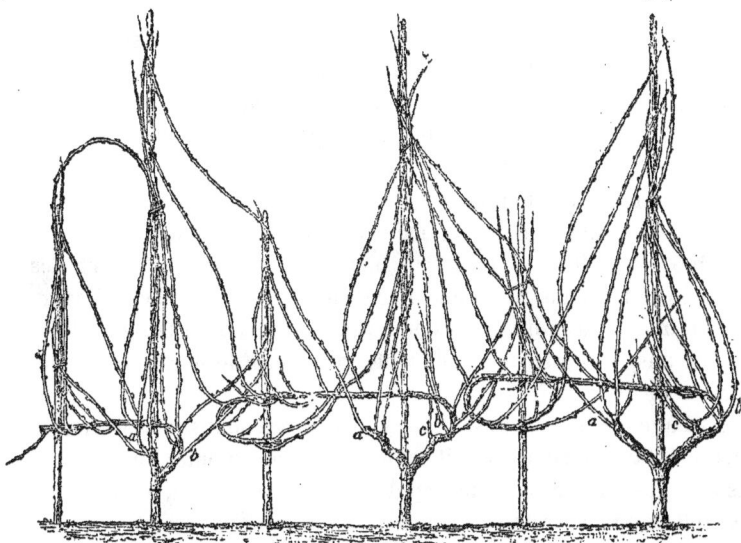

Fig. 15.   Fig. 17.   Fig. 19.

Dans l'intérêt de l'équilibre des pieds, la tirette doit, tous les ans, être changée de bras. Si on la laissait toujours du même côté, ce bras deviendrait très-fort au détriment de l'autre, la végétation finirait même par s'y porter complètement; la taille du cot encourant moins les bras que celle de la tirette, on comprendra que si celle-ci était laissée plusieurs années sur le même bras, leur équilibre, en hauteur, serait également rompu, ce qu'il faut éviter.

On doit, autant que possible, diriger les tirettes d'une même rège, sur la même direction, une année à droite et l'année suivante à gauche; on évite ainsi la confusion de deux branches à fruit se croisant sur le même petit échalas.

Ces explications données, nous reprenons la vigne au moment de la cinquième taille, c'est-à-dire celle qui suit la taille de l'anquage.

Pour tailler le pied (figure 15) obtenu par la végétation venue après la quatrième taille, on choisira sur le cot le sarment le mieux disposé pour faire la tirette, soit le sarment *a*, et à la base de la flage de l'année précédente, un bois bien placé pour y établir le cot, soit le sarment *b*.

A partir de ce moment, toutes les tailles de ce système se ressemblent beaucoup; un cot et une tirette à chaque pied, alternativement placés une année sur un bras et une année sur l'autre ; telle est la règle à observer. Il faut veiller aussi à ne pas encourir les bras trop vite, ce qui les rend disgracieux. Ce résultat sera obtenu, si la charge n'est pas exagérée, si le liage est bien exécuté et les courbes des flages ou des tirettes faites comme il a été expliqué précédemment.

A l'âge de huit ans, la vigne bien conduite aura l'aspect des figures 16 et 17; l'une représente le cep après la taille et le palissage, l'autre le montre à la fin de l'automne suivant, avant la taille. A l'âge de douze ans, la vigne sera dans toute sa force. Elle aura l'aspect des figures 18 et 19.

Vers l'âge de douze ans, lorsque les vignes sont sur des terrains généreux et très-vigoureuses, il est utile de leur ajouter un bras de plus pour laisser sur le même cep deux branches à fruit, une flage et une tirette comme on le voit par la figure 20, et toujours un cot pour assurer la taille de l'année suivante.

Quand le moment d'établir cette bifurcation supplémentaire est venue, on laisse, lors de l'épamprage, un bourgeon convenablement placé (*c*, fig. 17) qu'on taille, la première année à un œil, la seconde et la troisième à cot; ce cot bien établi pourra supporter une aste ou une tirette, comme on le voit par la figure 20.

Les vignes bien conduites, d'après cette méthode, ont un aspect général assez uniforme. Elles commencent à donner une bonne production à quatre ou cinq ans; cette production augmente jusque vers l'âge de vingt ans, et se maintient pendant un grand nombre d'années.

Si les ceps ne sont pas trop mutilés par des suppressions exagérées, les vignes deviennent très-vieilles. Quand il est utile d'amputer un bras pour le raccourcir, il ne faut pas se rapprocher à plus de 0, 20 à 0, 25 de la bifurcation de l'anquage.

Dans la culture des vignes du pays de Saint-Macaire, on ne pince, ni on ne rogne les sarments de la vigne; ils sont levés avec soin presque avec luxe le long des échalas, ce qui contribue, j'en suis sûr à donner de la vigueur et de la santé au vignoble.

L'épamprage se fait avec beaucoup de soin, cette opération consiste à enlever, radicalement, tous les bourgeons se développant sur le vieux bois; c'est-à-dire depuis terre jusqu'à la couronne du cot, de l'aste ou de la tirette. Il n'est fait d'exception à cette règle que quand on veut créer une bifurcation sur un bras; on opère alors, comme nous l'avons expliqué ci-dessus.

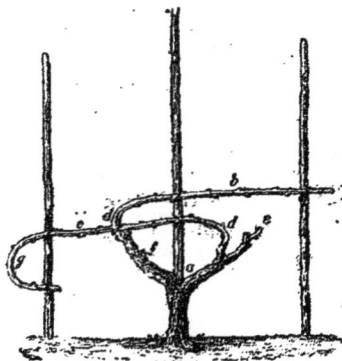

Fig. 20.

Cette méthode de taille vient d'être décrite telle qu'elle est exécutée par les meilleurs praticiens; les explications données précédemment, ainsi que l'aspect des figures de 14 à 20, donnent une idée de la charpente des ceps de différents âges. Il importe de bien observer que les pieds soient maintenus en espalier, sur le rang, surtout dans les vignes labourées.

Il me reste à expliquer la marche de la végétation de la vigne à ce système. Les cots (*e* figures 14, 16, 18 et 20), poussent de deux à trois sarments vigoureux et bien constitués; le mieux placé doit servir pour établir l'aste ou la tirette. Il est bon toutefois d'observer qu'entre deux sarments également bien placés, dont l'un est très-vigoureux et l'autre de grosseur moyenne, on doit, sans hésitation, prendre le dernier, parce qu'il est plus fructifère et plus facile à palisser sans accident.

Si les flages (*b* figures 14 et 20), et les tirettes (*c* figures 16, 18 et 20), ont été bien courbées, elles développeront toujours près de leur base des sarments de moyenne grosseur, mais suffisants pour y établir les cots ; sur leur courbe, poussent toujours quelques sarments vigoureux; dans le centre, des sarments chétifs, quelques-uns avortés; enfin, à l'extrémité des flages ou dans le tortillon des tirettes, quelques bourgeons, les plus vigoureux du cep.

Il y a, en moyenne, sur la tirette d'un cep adulte de vigueur ordinaire, de vingt à vingt-deux bourgeons qui poussent avec plus ou moins de vigueur et deux sur le côt, soit environ vingt-quatre par pied.

Un tiers de ces bourgeons donne des sarments très-vigoureux, un autre tiers, a une longueur moyenne, le dernier tiers pousse à peine, quelques-uns avortent, après avoir fait mine de pousser. Je dois ajouter que les sarments les plus vigoureux, près du vieux bois, ne donnent pas les plus beaux raisins; ce sont ceux de végétation ordinaire, ou ceux qui se rapprochent de l'extrémité de la tirette.

Nous avons dit précédemment que le pincement est inconnu à Saint-Macaire, c'est fâcheux, car il serait bien facile d'améliorer l'équilibre de la végétation d'une tirette. Les sarments qui poussent vigoureusement sur cette branche à fruit, sont inutiles pour la taille suivante. En pinçant sévèrement ceux disposés à prendre un grand développement, on porterait l'effort de la sève sur les bourgeons faibles, ainsi que sur ceux qui sont disposés à avorter.

Depuis plusieurs années, quelques propriétaires ont, par but d'économie d'échalas, essayé le palissage au fil de fer. La vigne a un peu plus d'air, mais le pliage des flages et des tirettes ne peut être aussi bien fait, et la forme de la vigne s'en ressent.

Les principaux cépages cultivés à Saint-Macaire sont : le *mancin*, le *prueras*, le *grapput* ou *bouchalès*, la *petite parde* ou *pardotte*, la

4

grosse parde ou *gros noir*, le *panereuil* ou *bois droit*, le *piquepoul*, le *vigney* ou *merlot*, la *queue rouge* ou *malbec*. Ces cépages sont en majeure partie très-communs et rudes, ce qui, joint à la disposition de la branche à fruits, dont l'extrémité, dans les années d'abondance, est chargée d'une masse de raisins agglomérés, influe sur la qualité des vins récoltés dans ces localités. Ces vins, on le sait, sont de qualité très-ordinaire; ils ont de la tenue, mais sont, en primeur, rudes et bien souvent verts et échaudés.

Depuis une vingtaine d'années, on a beaucoup amélioré la qualité des cépages qu'on choisit avec plus de soin; la qualité des vins de certains vignobles s'en est déjà ressentie.

Dans tout le pays, les façons sont généralement bien comprises et données avec intelligence. La grande majorité des vignerons dont beaucoup sont propriétaires, connaissent le rôle que jouent dans la bonne maturité du fruit, les jeunes radicelles annuelles. C'est avec sollicitude qu'ils provoquent leur venue et leur développement par des façons d'été données légèrement et à propos. Les radicelles venues au-dessus du collet des racines sont supprimées, tous les ans, à la première façon qui se donne vers le mois d'avril.

CHAPITRE IV.

DE LA TAILLE DES PALUS

Cette taille, qui donne au cep la forme d'une croix, est généralement adoptée dans toutes les palus et les îles de la Gironde. Les localités où elle est le mieux faite, se trouvent sur les rives de la Dordogne, depuis Asques jusqu'au dessus de Libourne. Dans les palus de Campus, Nauzegrand, Arveyres et Fronsac, on en voit de très-beaux spécimens.

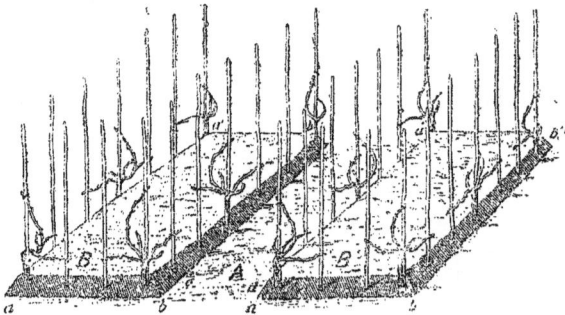

Fig. 21.

La vigne, dans les palus, est généralement espacée à deux mètres en tous sens. Elle y était autrefois cultivée à peu près partout avec la *marre* et plantée à *planches*. La figure 21 donne la physionnomie de ce genre de culture. La partie basse (A. fig. 21) s'appelle *reuille* ou *rouille;* dans bien des localités, on y récolte du foin ; on cultive quelquefois du froment sur la partie haute (B), qu'on désigne par le nom de *hautain* ou de *platain;* son niveau est environ de 0^m25 à 0^m30 plus élevé que le fond de la *reuille.*

Les vignes de palus, se plantent généralement en plants racinés, en ayant la précaution de coucher horizontalement dans la direction du platain, une partie du chevelu, appelé *mère.* (Voir fig. 22.)

Fig. 22.

Avant l'emploi du fil de fer, chaque cep adulte avait trois échalas et pendant deux ans au moins, à l'époque de l'anquage, un petit échalas supplémentaire pour bien dresser l'aste du milieu. Les échalas qu'on emploie dans les palus sont en général de châtaigner ou de pin gemmé.

Les termes employés pour désigner les divers bois de taille, sont :

L'*aste :* c'est la branche à fruit principale, portant en moyenne de 6 à 8 boutons ; il y en a trois par cep ; elles se palissent sur les échalas.

Le *côt cabaley :* chaque aste a généralement son côt cabaley placé de 0,15 à 0,25 au-dessous d'elle. Il porte de trois à cinq boutons et se palisse sur l'aste, qu'il est appelé à remplacer quand celle-ci devient trop encourue.

L'*œil* ou *œil de retour* ou de rapprochement : c'est sur son empatement que s'établit le cot cabaley quand l'aste trop encourue doit se supprimer. On le taille à un ou à deux yeux au plus.

On appelle bras, l'ensemble de l'aste, du côt cabaley et de l'œil de retour portés par la même bifurcation soit (fig. 31), B bras de droite, A bras de gauche, C bras du milieu.

Il y a deux manières d'anquer la vigne des palus. L'anquage sur filleule, procédé moderne excellent, et l'ancienne méthode, au moyen de sarments latéraux venus sur un bois vertical préparé à cet effet l'année précédente. Nous décrirons les deux procédés en commençant par l'anquage sur filleule.

C'est généralement à la deuxième pousse si la plantation est réussie, qu'on prépare l'anquage ; on ne laisse développer, à chaque cep, qu'un bourgeon unique, qu'on attache soigneusement pour éviter tout accident le long d'un échalas (fig. 23) à mesure qu'il se développe.

 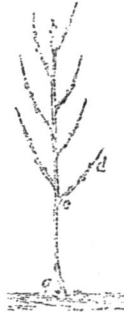

Fig. 23.   Fig. 24.

Au mois d'août ce bourgeon, devenu sarment, est rogné en *c* à 1ᵐ70 de hauteur environ. Cette opération fait développer les yeux latéraux de cette tige unique, comme on le voit au jeune cep débarrassé de son échalas (fig. 24) ; mais le but essentiel, est de faire pousser à hauteur de l'anquage une filleule ou bourgeon anticipée (c, d,) assez vigoureux pour former avec la tige principale (b) les deux bras latéraux du cep. Tous les yeux placés au-dessous du bourgeon, doivent être radicalement enlevés. Ce bourgeon étant le plus bas aura besoin d'un traitement intelligent pour acquérir la vigueur nécessaire à l'anquage.

Le rognage de la tige principale mérite quelque attention ; il doit être exécuté plus ou moins court suivant la vigueur du sujet. En rognant trop court un sujet vigoureux, on risque de faire partir non-seulement les bourgeons, mais aussi les contre-bourgeons ; si au contraire, le rognage n'est pas assez radical sur un sujet de moyenne force, les bourgeons supérieurs de la tige se développent seuls et le résultat qu'on désire n'est pas atteint.

Nous recommandons d'une manière spéciale un procédé peu appliqué mais excellent, simple et pratique par lequel on est sûr d'obtenir, avec plein succès, un bourgeon anticipé presque aussi vigoureux que la tige principale. Il consiste à courber la tige principale, de manière à ce que le bouton qui doit former le bourgeon anticipé, se trouve juste sur le point saillant de la courbure; on attache la tige à un petit échalas placé à côté et on en relève l'extrémité, comme on le voit par la figure 25.

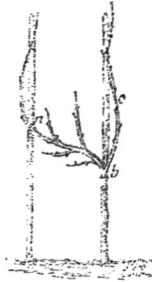

Fig. 25.

Le bourgeon utile, se trouvant placé sur la courbure, ne manque jamais de se développer avec vigueur, tandis que les bourgeons au-dessus restent en quelque sorte stationnaires. En employant ce procédé, l'opération du rognage des tiges perd de son importance, elle n'a plus besoin d'être calculée avec autant de précision.

La hauteur de l'anquage, à ce mode de taille, varie suivant les localités; elle s'établit généralement à 0,50 ou 0,60 du sol. Il serait essentiel de l'élever un peu plus sur des vignes sujettes aux gelées printanières.

Le choix de l'œil destiné à fournir le bourgeon anticipé nécessaire à l'anquage, dont il vient d'être parlé, doit être fait par un ouvrier expert et soigneux, qui supprime jusqu'au ras du sol tous les boutons inférieurs à celui-là. La courbe des tiges qui a lieu soit avant, soit après cet ébourgeonnage, exige beaucoup de précautions; il faut observer que l'œil dont il s'agit soit bien sur la courbe, pour que la sève s'y porte avec plus de force.

A l'automne qui suit cette opération on obtient les résultats des figures 24 ou 25 suivant que l'on aura suivi la méthode ordinaire ou adopté la modification qui vient d'être indiquée. Lors de la taille, dans l'un comme dans l'autre cas, on doit laisser au bourgeon anticipé la longueur nécessaire, pour atteindre la carassonne, en ne lui laissant, ainsi qu'à la tige principale, que deux, trois ou quatre boutons au plus et palisser le jeune cep, ainsi taillé, sur trois échalas, comme l'indique la figure 26.

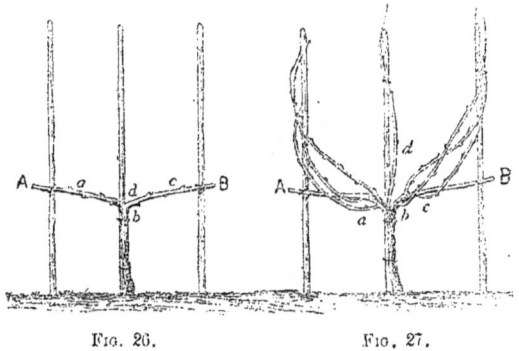

Fig. 26. Fig. 27.

Avec cette taille et le palissage exécuté comme nous venons de le dire, on doit obtenir le résultat de la figure 27 qui représente un cep à l'automne de la quatrième pousse, ayant trois sarments sur chacun des deux bras parallèles et un sarment venu sur l'œil placé à l'aisselle des deux astes établies. Ce sarment (d, fig. 27) devra servir à former le troisième bras, c'est-à-dire celui du milieu.

Quand on se trouve en présence, lors de l'anquage, d'un bourgeon anticipé très-faible, on le taille à deux ou à trois yeux, comme l'indique la figure 28, en ayant soin de placer soit un simple osier, soit une branche, palissée un peu au-dessus du côt (c).

Il est très-nécessaire de diviser les sarments, pour les attacher à l'échalas, du côté de leur aste, comme on le voit à la figure 27. Les sarments du bras du milieu doivent être également palissés à l'échalas central.

A la taille qui suit la végétation de la quatrième pousse ; il faut tailler les deux bras latéraux sur deux sarments de même force et de préférence placés en dessous des astes de l'année précédente, soit *a* pour l'aste du bras de gauche et *b* ou *c* pour l'aste du bras de droite, (voir fig. 27) : ces deux astes doivent être rognées de 0,70 environ de longueur et attachées aux carassonnes placées de chaque côté du cep, avec l'inclinaison qu'indique la figure 29; on ne laisse à ces astes que quatre, cinq, ou six boutons, suivant la vigueur du sujet.

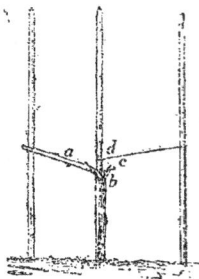

Fig. 28.

Chacune de ces astes poussera un, quelquefois deux sarments, à chacun des yeux qu'on y aura laissés; il faudra les palisser avec soin.

Le sarment *d*, figure 27, destiné à former le bras du milieu doit être taillé de 0,35 à 0,40 de longueur, plié presque horizontalement et attaché à un petit échalas, planté tout exprès sur le platain, pour le recevoir. Il suffit de laisser de trois à quatre boutons sur cette aste, (C, fig. 29).

La taille de la cinquième pousse, présentera l'aspect de la figure 30. Le bras droit B porte une aste de 7 boutons avec un œil de retour *f*, de deux boutons. Le bras gauche A porte une aste de 7 boutons, un côt cabaley *e* de trois boutons, et enfin l'aste du milieu C porte quatre boutons; cette dernière doit être attachée horizontalement à un petit échalas.

A compter de ce moment, la vigne est bien établie; il est important de la charger convenablement, en ayant soin de conserver toujours un parfait équilibre de végétation entre les trois bras.

La figure 31 représente un cep de sept à huit ans, taillé et palissé. Le bras droit B se compose : d'une aste de sept à huit boutons, d'un côt cabaley *e*, de quatre à cinq boutons et d'un œil de retour *f*, de deux yeux sur lequel le côt cabaley devra être laissé l'année suivante, si l'aste est rabattue. Le bras de gauche A se compose : d'une aste de sept à huit boutons et d'un côt cabaley *e*, de quatre à cinq boutons. Enfin le bras du milieu C, porte : une aste *d*, de sept boutons et un côt de retour *f*, de deux yeux sur lequel, l'année suivante, devra être établi un côt cabaley.

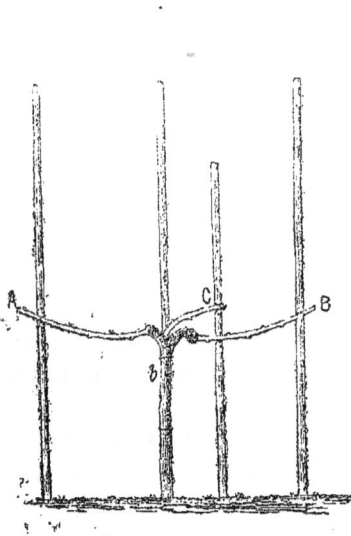 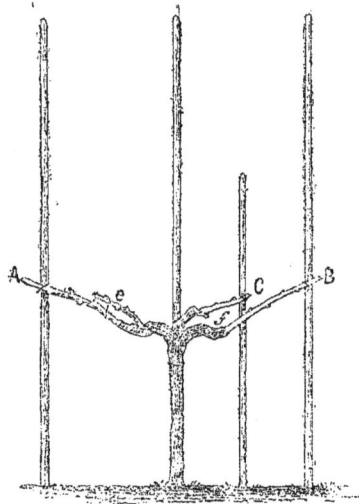

Fig. 29.   Fig. 30.

Nous avons dit précédemment qu'à l'aisselle du bourgeon anticipé *b, c*, (figure 25), se trouvait un bouton qui se développe à la quatrième pousse (*d*, fig. 27). Ce sarment est destiné à former le troisième bras du cep (C, fig. 31).

On conçoit facilement que ce bras disposé verticalement, comme cela a lieu sur beaucoup de vignes taillées d'après ce système, est de nature à jeter le trouble dans l'équilibre du cep, la sève s'y portant en plus grande abondance que sur les bras latéraux palissés à une inclinaison presque horizontale.

5

Pour remédier à cet inconvénient, un moyen bien simple est employé sur les magnifiques vignes des palus de Fronsac et de Libourne. Ce moyen qui tient à la disposition particulière donnée au bras du milieu, réussit pleinement à maintenir en parfait équilibre, les trois bras du même cep.

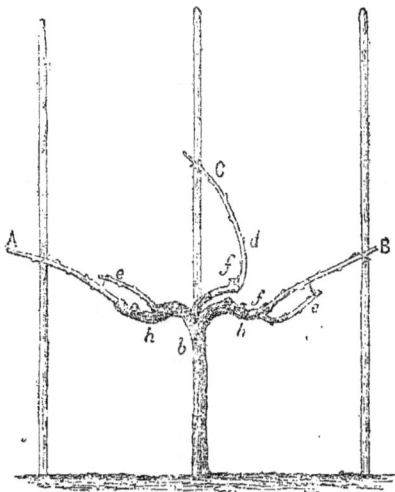

Fig. 31.

On a vu plus haut que le sarment *d* (figure 27), destiné à former le bras du milieu, devait être taillé de 0,35 à 0,40 de longueur et attaché horizontalement à un petit échalas piqué sur le platain, en ne laissant à cette aste que trois à quatre boutons (C, fig. 29). La figure 32 représente cette aste vue de profil, avec son produit en sarments.

L'année suivante, on rabat ordinairement toute la taille sur le sarment *d* (figure 32), en ne laissant que cinq à six boutons à cette aste qui devra être palissée ainsi que l'indique la figure 33.

Les figures 32, 33, 34, 35, 36 et 37 représentent le bras du milieu vu de profil, depuis sa formation jusqu'à l'âge adulte. Comme on le voit, ce bras est toujours horizontal jusqu'à la distance de 0,20 à 0,25 centimètres de sa naissance. Ce n'est qu'à partir de ce point, que l'aste prend la verticale pour venir s'attacher à l'échalas du cep, avec une légère inclinaison.

La disposition horizontale de ce bras sur une partie de son parcours, fait toute sa valeur. Elle empêche la sève de s'y porter plus abondamment que sur les bras latéraux, par suite le cep se maintient en parfait équilibre.

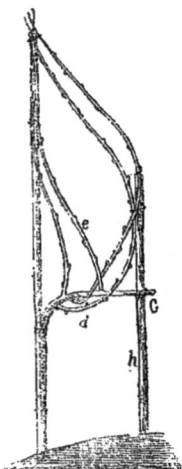 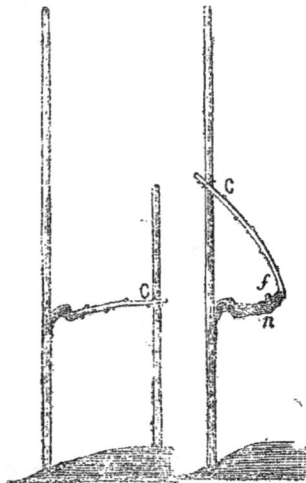

Fig. 32.   Fig. 33.   Fig. 34.

La taille du bras vertical, ne diffère pas de celle des bras latéraux ; comme sur ces derniers, on y trouve l'aste de cinq à sept boutons, le côt cabaley de trois à quatre boutons ainsi que le petit côt de retour. (Voir fig. 36.)

Les suppressions et rapprochements qui auront lieu, tant sur les bras latéraux que sur les bras du milieu, ne doivent jamais se faire à moins de 0m20 ou 0m25 du point de bifurcation des trois bras; il est donc important de ne pas laisser de côt de retour à une distance moindre, soit en *h*, *h*, (figure 31) pour les bras latéraux et en *n*, *n*, (v. figures de 34 à 37) pour le bras du milieu. Il est reconnu que les amputations trop rapprochées de la souche, nuisent bien souvent à l'équilibre du cep.

Il est important, pour éviter la confusion, que l'aste et le côt cabaley ne soient pas trop rapprochés l'un de l'autre ; beaucoup de vignerons ont cette mauvaise habitude, et laissent presque autant de boutons à l'un qu'à l'autre, c'est un grave défaut. Dans une taille bien exécutée, le côt cabaley doit être en bonne position, pour conserver au pied une forme régulière; il doit être chargé modérément, pour que tous les yeux qu'on lui laisse se développent, comme si on devait y retourner l'aste l'année suivante, ce qui pourtant n'est pas de rigueur.

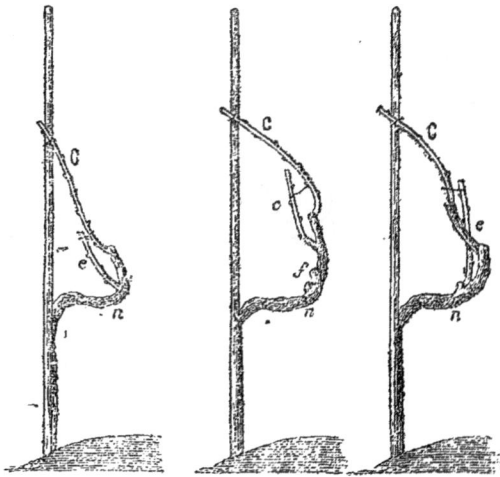

Fig. 35.   Fig. 36.   Fig. 37.

Le côt cabaley établi dans de bonnes conditions, on ne doit pas craindre de s'éloigner un peu pour choisir une aste fructifère qu'il faut charger si le cep a de la vigueur. L'aste règle elle-même sa charge en ne poussant que les bourgeons qu'elle est en mesure de nourrir et toujours de préférence, ceux de l'extrémité qui donnent le plus de raisins. Ce bois de taille devant être rabattu sur le côt cabaley l'année suivante, il n'y a nul inconvénient à ce qu'il soit dégarni à sa base; tandis qu'il est au contraire très-important que le côt cabaley ne soit pas encouru.

Nous allons maintenant indiquer le système d'anquage le plus généralement employé dans la taille des palus.

A la troisième pousse, on laisse au jeune cep un sarment unique, taillé de manière à ce que l'avant dernier bouton supérieur b (figure 38), soit à la hauteur moyenne de l'anquage. On ne laisse à ce sarment que trois boutons a, b, c, qui, si le cep a de la vigueur, se développent comme il est indiqué par la figure 39, c'est-à-dire que chaque bouton donne presque toujours deux sarments.

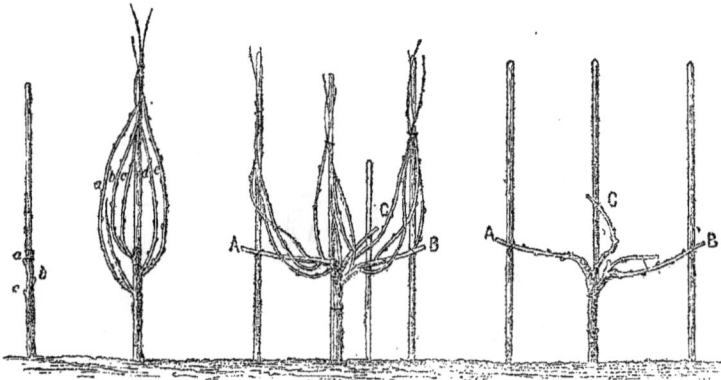

Fig. 38. Fig. 39. Fig 40. Fig. 41.

On anque le pied l'année suivante; le sarment b, ou c (figure 39), forme l'aste de gauche; le sarment e, l'aste de droite et enfin le sarment d, venu sur le contre-bouton du sarment e, sert à former l'aste du milieu. La figure 40 représente un cep, un an après l'anquage, par le procédé le plus ordinaire. La figure 41 donne l'aspect d'un cep deux ans après l'anquage et dans la suite, la taille des trois bras se fait en tout, selon les principes exposés précédemment pour les vignes anquées sur filleules.

Un homme du métier connaît toujours les ceps anqués sur filleule, mais le système d'anquage par le procédé ordinaire peut, s'il est bien exécuté, donner des formes presque aussi régulières.

L'épamprage doit se faire vers la fin de mai, en enlevant radicalement toutes les pousses qui se forment sur le vieux bois depuis le sol jusqu'au premier bois de taille de l'année laissé à chaque bras, qu'il soit côt de retour, côt cabaley ou aste. Il faut prévoir, lors de cette opération, s'il n'y a pas lieu de laisser quelques nouveaux bourgeons pour établir des côts de retour; il faut se rappeler qu'ils ne doivent être laissés qu'en bonne situation si on veut maintenir les ceps d'une forme irréprochable.

Le pincement, sauf de très-rares exceptions, n'est pas pratiqué sur les vignes taillées d'après ce système; on se borne à rogner les sarments à la serpe, lorsque la végétation, dans le courant de l'été, devient trop embarrassante.

Un pincement pratiqué ras des grappes sur un, deux ou trois bourgeons de l'extrémité de chaque aste, produirait un excellent résultat. Ces bourgeons deviennent ordinairement très-vigoureux, ils absorbent beaucoup de sève sans aucune utilité pour la taille de l'année suivante, puisqu'ils doivent être supprimés. En les pinçant comme nous l'indiquons, les grappes n'en souffriraient pas et la sève qu'ils absorbent profiterait aux bourgeons inférieurs qui nourriraient mieux les raisins, et fourniraient des bois plus beaux pour la taille.

Ce système de taille, ainsi que celui de Saint-Macaire, décrit dans le chapitre précédent sont excellents, pour les terrains riches, à la condition qu'ils soient bien exécutés; ils permettent de faire produire à la vigne, tout ce qu'on est en droit d'exiger d'elle, eu égard à la fécondité du sol. Sur des terrains identiques, le système de Saint-Macaire, donne peut-être des produits plus abondants; ils sont sûrement inférieurs en qualité à ceux obtenus par le système de palus. Il est facile de se rendre compte de cette différence de qualité au seul aspect de la disposition des raisins au moment des vendanges. Ils sont mieux répartis et plus étalés sur les vignes des palus; ils jouissent ainsi d'une plus grande somme de lumière et de soleil que sur les vignes de Saint-Macaire, où ils sont agglomérés aux extrémités des tirettes. Nous avons constaté bien souvent les années abondantes, des cas où les raisins de l'intérieur de cette agglomération étaient restés presque blancs et d'une maturité douteuse.

CHAPITRE V.

—

DE LA TAILLE SUR LES TERRAINS DE CÔTES OU DE GRAVES.

Par cette dénomination de terrains de graves ou de côtes, nous entendons désigner des sols peu généreux, qui quelquefois produisent d'excellents vins, mais sur lesquels la vigne à une végétation au-dessous de l'ordinaire.

En dehors du Médoc qui, lui aussi, peut être considéré cemme un pays de graves; il n'existe pas de système spécial méritant d'être signalé, reposant sur des pricipes qui puissent être raisonnés et décrits; chaque localité a ses habitudes, et il arrive qu'on fait des diverses tailles un mélange peu rationnel. Nous ne signalerons pas les localités où nous avons rencontré de ces tailles excentriques; notre ambition est d'amener les viticulteurs à adopter une taille raisonnée et rationnelle; notre modeste manuel leur fournira, nous l'espérons, les moyens d'y arriver.

Dans ce but, nous recommanderons, pour les terrains de graves ou de côtes, soit le diminutif du système de Saint-Macaire, représenté par les figures 42, 43, 44 et 45, soit le diminutif du système des palus représenté par les figures de 46 à 50, qui n'est autre que le système des palus, avec l'aste du milieu en moins.

La fertilité des terrains de graves varie à l'infini; il s'en rencontre sur lesquels la vigne pousse avec autant de vigueur que dans les meilleures palus, et sur lesquels la taille de Saint-Macaire, ainsi que la taille des palus peuvent être appliquées dans toute leur intégrité. Nous ne nous occupons dans ce chapitre, comme nous l'avons dit à son début, que des sols sur lesquels la vigne a une végétation au-dessous de l'ordinaire.

Il ne faut pas oublier que tous les cépages cultivés peuvent se diviser en deux catégories ; ceux qui sont très-fertiles, et qui doivent être taillés à bois court, si on ne veut les voir vite épuisés, et ceux dont la fructification plus difficile demande une taille plus longue. Il est reconnu, sans conteste, que les boutons de la base des sarments sont moins fructifères que ceux qui sont éloignés du vieux bois, c'est pourquoi lorsqu'on opère sur les cépages fins qui sont en général peu fertiles, on ne doit laisser des premiers que le strict nécessaire pour assurer des branches à fruit aux tailles suivantes et concentrer tout l'effet de la sève au développement d'un plus grand nombre de bourgeons à fruit.

Nous sommes persuadés qu'au lieu d'avoir quatre ou cinq bras par cep, comme cela a lieu dans bien des localités, deux sont toujours suffisants, au moins sur les sols qui nous occupent, pour que la vigne donne le maximum de production qu'on est en droit d'exiger d'elle. Si l'on emploie le diminutif du système de Saint-Macaire, le côt fournira toujours une branche à fruit pour la taille suivante ; toute la sève superflue, peut être utilisée sur la flage qu'on taille plus ou moins longue, suivant la vigueur du sujet. Si l'on emploie le diminutif du système des palus, les côts cabaley ou les côts de retour assureront les tailles suivantes, en même temps que les astes fourniront leur contingent de raisins. L'équilibre est également plus facile à maintenir entre deux bras qu'entre un plus grand nombre.

Si l'on veut suivre le diminutif de la méthode de Saint-Macaire, on doit planter les ceps à la distance de 0ᵐ80 à 0ᵐ90 les uns des autres. On anque la vigne à la troisième ou à la quatrième année, à la hauteur de 0ᵐ20 à 0ᵐ25 du niveau moyen du sol, en observant pour cela les principes indiqués pour l'anquage des vignes de Saint-Macaire (page 28).

Les deux bras doivent être taillés à côts de deux yeux chacun, jusqu'à ce que le cep soit susceptible de supporter une flage qui devra être proportionnée à sa vigueur et qui doit être repliée et palissée, sur l'échalas, comme l'indiquent les figures 44 et 45.

La flage doit être courbée de façon à contrarier la sève afin de l'obliger à pousser à sa base des bourgeons utiles pour y placer le côt, aussi près que possible du vieux bois, l'année suivante ; si la courbure était mal faite, la taille monterait trop vite, ce qui obligerait de rabattre les bras encourus au détriment de l'arbuste.

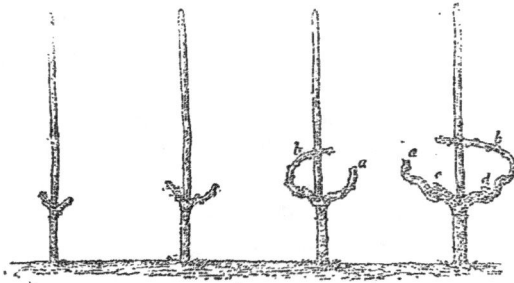

FIG. 42.　　　FIG. 43.　　　FIG. 44.　　　FIG. 45.

Dans les localités de côtes, où on a l'habitude de la taille des palus, il est préférable d'employer le diminutif de ce système, représenté par les figures de 46 à 50.

Avec cette taille, la vigne n'a que deux bras ; on doit la planter à la distance de 1ᵐ20 à 1ᵐ60, suivant la fertilité du terrain. L'anquage doit se faire à 0ᵐ30 de hauteur du niveau moyen du sol et on le prépare, soit comme il a été expliqué pour anquer sur filleule (page 37), soit par le procédé ordinaire (page 45), qui donne le résultat de la figure 46.

Ce système se prête admirablement à l'emploi du fil de fer. L'anquage étant régulièrement établi à la hauteur de 0ᵐ25 ou 0ᵐ30, comme l'indique le pointillé horizontal des figures 48 et 49, un premier fil de fer doit être établi à 0ᵐ35 au-dessus, et un deuxième à 0ᵐ40 au-dessus du premier. Les fils de fer sont maintenus par des pointes à la carrassonne de chaque pied, ou si on le préfère à de forts piquets placés tous les cinq ou six mètres ; il suffit alors d'avoir à chaque cep, pour le maintenir, un petit échalas atteignant le premier fil auquel on l'attache par un lien d'osier. Le premier fil sert à attacher l'extrémité des astes, le second sert à maintenir et à palisser les sarments. L'aspect des figures 48, 49 et 50, en dit plus que toutes les définitions.

Le jeune cep ayant été préparé à l'anquage et ayant donné le résul-

6

tat de la figure 46, sera taillé avec deux astes prises sur les sarments *a, b*, les mieux disposés. Ces deux astes, sur chacune desquelles on doit laisser de trois à quatre boutons seulement, doivent s'attacher au premier fil de fer; elles doivent donner, comme végétation, le résultat de la figure 47, qui représente un cep de vigne ayant fait sa cinquième pousse, c'est-à-dire ayant au moins cinq ans révolus.

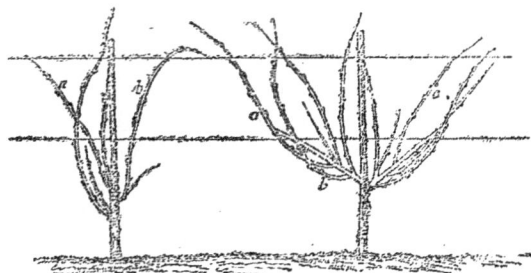

Fig. 46.   Fig. 47.

La figure 48 nous représente ce même cep taillé et palissé; il porte sur chaque bras une aste de quatre à cinq boutons avec un petit côt cabaley de deux à trois yeux. Dans la suite, la taille doit se faire en observant les principes décrits à la taille des palus; avec cette diffé-

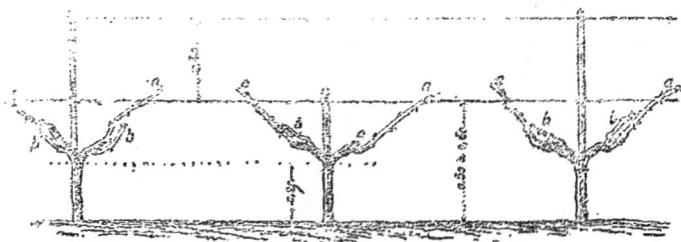

Fig. 48.   Fig. 49.   Fig. 50.

rence qu'il faut laisser moins de boutons sur les astes ainsi que sur les côts cabaley, attendu qu'on opère sur des vignes moins vigoureuses. Les figures 49 et 50 représentent des ceps adultes bien dressés et bien tenus.

Quelques viticulteurs ont contracté l'habitude de laisser, au lieu du côt cabaley, un petit côt pour s'éviter la peine de l'attacher. Si l'on tient à avoir une vigne régulière et bien menée, il est indispensable de tailler les côts assez longs pour pouvoir les attacher en supprimant les yeux superflus. Si dans certaines localités la vigne est mal contournée, cela tient au mauvais choix des bois de retour, et au peu de soin que l'on met à leur donner une bonne direction pour le palissage.

Un pincement exécuté ras de la dernière grappe, sur les deux ou les trois bourgeons supérieurs de chaque aste, produit un excellent résultat; c'est pourquoi, nous ne pouvons que le recommander aux personnes avides de bien faire. Cette opération doit avoir lieu vers la fin de mai ou au commencement de juin, c'est-à-dire, lorsque les grappes sont bien sorties et avant que le bourgeon ne prenne un grand développement. Le pincement ainsi fait, n'empêche pas les grappes de se développer et les raisins de devenir aussi beaux que sur des sarments très-vigoureux. Ces bourgeons, princés ras des grappes, repartent rarement, et la sève qu'ils auraient dépensée en pure perte, puisqu'ils sont inutiles pour la taille, reflue sur les bourgeons inférieurs ou sur les côts dont les sarments sont plus nécessaires pour la taille.

Comme nous l'avons recommandé pour les autres tailles, il faut être sobre de fortes amputations, et ne jamais les faire trop près de l'anquage; on ne doit non plus charger la vigne que modérément si on veut éviter qu'elle s'encoure trop vite.

L'*épamprage* doit se faire régulièrement tous les ans vers la fin de mai. Dans cette opération, on enlève tous les bourgeons venus sur le vieux bois, sauf ceux qui sont utiles à former les côts de retour sur l'empâtement desquels on établit, plus tard, les côts cabaley.

CHAPITRE VI

—

DE LA TAILLE DES VIGNES DE MÉDOC.

Les vignes du Médoc sont généralement plantées à la distance de 0,90 c. à 1 mètre dans tous les sens; elles sont taillées, palissées et cultivées d'une manière toute spéciale. L'aspect général des vignobles est assez uniforme; le viticulteur expérimenté peut néanmoins y remarquer des différences assez sensibles.

La taille basse du Médoc ne commence guère à être appliquée sans partage qu'après la commune de Blanquefort, qui possède beaucoup de vignes hautes, c'est-à-dire cultivées avec de longs échalas; mais, à partir de la commune du Pian jusqu'en Bas-Médoc, il n'existe que des vignes basses, si ce n'est quelques parcelles relativement peu importantes sur les palus qui bordent le fleuve.

La contrée située entre Saint-Julien et Saint-Estèphe est celle de tout le Médoc où la vigne donne la moyenne de rendement la plus élevée; cela peut dépendre en partie de la qualité du sol, cela tient surtout à ce que la taille y est en général mieux comprise. Dans cette région, la forme des ceps est plus régulière et leur charge est plus forcée, ce qui ne nuit en rien à la qualité du vin, puisque c'est là que sont groupés le plus grand nombre de crûs classés.

Les façons de charrue se donnent en Médoc au moyen de deux bœufs attelés de front, passant de chaque côté du rang; cela explique l'adoption dans cette contrée, des échalas, appelés carrassons, de 0,66 de longueur ne dépassant pas la hauteur moyenne hors du sol de 0,35 à 0,40. Une latte en pin ou un fil de fer placé à 0,05 en contrebas du sommet des carrassons, les relie tous d'un bout à l'autre du rang.

Une taille toute particulière est appropriée à ce genre de palissage. Nous décrivons celle qui est pratiquée à Pauillac et à Saint-Estèphe, localités où elle nous a paru en général plus correcte et exécutée avec plus de méthode.

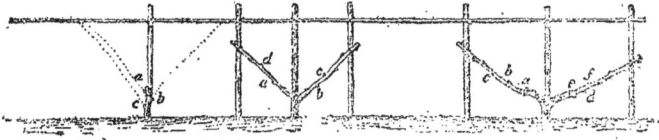

FIG. 51.   FIG. 53.   FIG. 55.

Vers l'âge de trois ou de quatre ans, suivant la vigueur et la réussite de la plantation, la vigne est préparée pour être anquée; on la taille sur un sarment unique (fig. 51) dont l'avant-dernier bouton supérieur *b* doit correspondre à la hauteur moyenne de l'anquage. On laisse par précaution un troisième bouton *c*, mais on supprime tous les autres, soit au moment de la taille, soit à l'épamprage. La hauteur moyenne de l'anquage est établie à peu près au niveau ou un peu au-dessus de la crête du sillon, soit environ à 0,10 au-dessus du niveau moyen du sol.

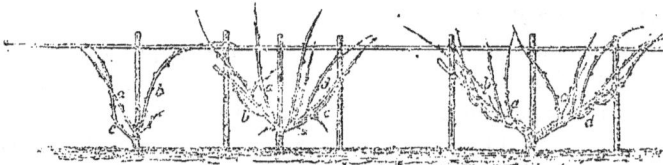

FIG. 52.   FIG. 54.   FIG. 56.

Dans le courant de l'année qui prépare l'anquage, on attache avec soin les sarments en les divisant comme l'indique le pointillé de la figure 51 et la figure 52. Cette dernière figure représente la végétation de l'année, du jeune cep, au moment de la taille. L'anquage doit s'établir soit avec les sarments *a*, *b*, soit avec les sarments *c*, *b*, c'est-à-dire ceux qui réunissent les meilleures conditions de vigueur, de hauteur ou de direction. On taille les deux sarments assez longs pour être attachés, soit aux carrassons, soit à la latte, comme l'indique la figure 53; on ne laisse à chaque bras que trois ou quatre boutons et on supprime ceux du haut qui sont superflus.

Avant d'aller plus loin, nous croyons utile d'initier le lecteur aux termes employés en Médoc pour désigner les divers bois de taille, de ce système.

L'*aste pliante*, *d* (figures 60, 61 et 62) est la branche à fruit par excellence laissée seulement sur des vignes vigoureuses et d'un certain âge. Saint-Estèphe est la localité où les vignerons l'emploient le plus fréquemment. On lui laisse jusqu'à dix boutons sans ébourgeonnement.

L'*aste ordinaire*, *b* (figures de 57 à 62) est la branche à fruit de tous les pieds adultes; on lui laisse de cinq à six boutons. Elle se taille assez longue pour atteindre et être attachée à la latte ou au carrasson; les boutons superflus de l'extrémité sont enlevés au moment de la taille.

Le tiret, c, est une petite aste sur un cep peu vigoureux comme à la figure 58, ou comme sur les figures 59 à 62, la branche préparée pour remplacer l'aste pliante ou l'aste ordinaire trop encourues. On ne laisse sur le tiret que trois ou quatre boutons au plus.

Enfin, *l'œil ou côt de retour*, *a* (figures de 57 à 62) est un bois de taille portant un ou deux yeux, laissé le plus souvent sur une épampre ménagée à l'ébourgeonnement. Ces côts doivent être la ressource de la taille, la base de tout tiret ou aste; il est donc important de les placer dans de bonnes conditions, la forme régulière du cep en dépend. Il ne faut jamais les établir à une distance moindre de 0^m10 de la bifurcation de l'anquage, pour éviter des amputations trop rapprochées de ce point.

L'année de l'anquage, la vigne développe trois ou quatre sarments sur chaque aste, comme l'indique la figure 54. A la taille suivante, ce jeune cep doit être taillé avec deux astes choisies parmi les sarments ayant une bonne direction, et autant que possible d'égale force, pour équilibrer la végétation qu'il est très-important de maintenir pendant les premières années. On laisse à chaque aste de quatre à six boutons,

suivant la vigueur des sujets; on palisse ces astes à la latte ou au carrasson comme l'indique la figure 55.

La figure 56 nous donne une idée du produit en sarments du cep
dont nous venons de décrire la taille; nous devons observer, en passant, que jusqu'ici les figures de ce chapitre représentent des vignes
d'une végétation très-ordinaire, c'est pourquoi la charge des ceps est
modérée. En Médoc, comme partout, nous recommanderons de former
les vignes et de les charger quoique jeunes quand leur vigueur le
commande.

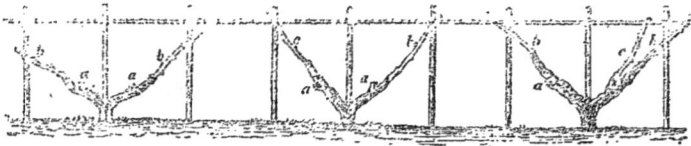

FIG. 57.   FIG. 58.   FIG. 59.

Arrive l'âge adulte représenté par les figures de 57 à 62. Le cep
(fig. 57), d'une végétation au-dessous de l'ordinaire est taillé : le bras
droit avec une aste *b*, de cinq boutons et un côt *a*, de deux boutons;
le bras gauche porte un tiret *c*, de quatre boutons avec un côt *a*, de
deux boutons.

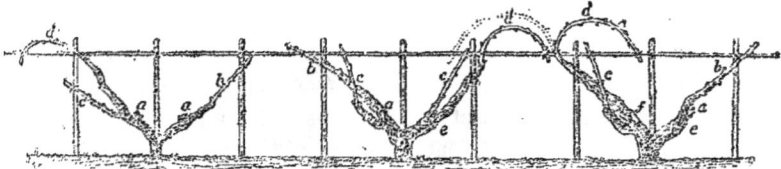

FIG. 60.   FIG. 61.   FIG. 62.

Le cep (fig. 58), d'une végétation ordinaire, porte également comme
le précédent, une aste de quatre à cinq boutons et un côt de deux yeux
sur chaque bras. Le pied (fig. 59), un peu plus âgé et plus vigoureux,
porte sur son bras droit, une aste *b* de cinq boutons, avec un tiret *c*
de trois boutons, et, sur le bras gauche, une aste *b* de cinq boutons
et un côt *a* de deux boutons.

Le cep (fig. 60), ayant une douzaine d'années et étant d'une bonne végétation, porte sur le bras droit une aste *b* de sept boutons et un côt de retour *a* de deux boutons. Le bras de gauche porte : une aste pliante *d* de huit boutons, un tiret *c* de trois boutons, et un côt *a* de deux boutons.

Le cep (fig. 61), de 18 à 20 ans, est très-vigoureux; il porte : sur son bras droit, une aste pliante *d* de dix boutons, et un tiret *c* de quatre boutons. Le bras opposé porte une aste *b* de sept boutons, un tiret *c* de quatre boutons et un petit œil de retour d'un bouton.

La figure 62 représente le même cep que la figure 61 avec quelques années de plus. Le bras de droite trop encouru a été amputé au point *e* (fig. 61), base de l'ancien tiret devenu aste; un côt *a* de deux boutons, en bonne situation, servira, avant peu, de base à un tiret. Le bras de gauche porte une aste pliante qui devra être amputée avant longtemps au point *f*, ce qui équilibrera le pied.

Il est d'usage que l'aste pliante se palisse à l'extérieur du cep comme l'indique l'aste pliante de la figure 61 et le pointillé de la figure 62; néanmoins lorsque deux astes pliantes se rencontrent et font confusion, il est préférable de faire le liage, comme il est indiqué sur nos figures.

Les figures de ce chapitre sont dessinées à l'échelle de quatre centimètres pour un mètre. Comme on le voit, les vignes du Médoc, taillées et palissées, ont la forme d'un V ouvert. On doit toujours tailler les astes et les tirets assez longs pour être facilement palissés à la latte en prenant la précaution d'enlever les boutons superflus.

Il faut éviter de trop incliner les astes comme à la figure 55 parce que les raisins seraient trop près de terre et risqueraient d'être couverts par la façon du chaussage. Les ceps représentés par les figures 59, 60, 61 et 62 ont toutes les proportions et l'inclinaison d'une bonne culture.

L'anquage établi à une hauteur convenable doit être toujours respecté et les suppressions faites en vue de retourner un bras trop encouru ne doivent pas trop se rapprocher de la bifurcation.

Il se pourrait bien qu'on nous contestât la possibilité de dresser et de maintenir la vigne avec toute la régularité que nous indiquons. Avec l'expérience d'une longue pratique, nous affirmons que cette régularité est facile à obtenir, sur des vignes non sujettes aux accidents graves des gelées printanières.

Avec les précautions indiquées, la vigne peut être anquée à deux centimètres près de la hauteur qu'on aura adoptée. On sait qu'au printemps chaque cep se couvre sur le vieux bois de bourgeons qui sont enlevés à l'épamprage ; si cette opération est faite par des ouvriers intelligents, ils réserveront sur les ceps qui en auraient besoin les bourgeons bien placés pour former les côts de retour, avenir des tailles suivantes.

Il est d'usage, en Médoc, de rogner à la serpe les sarments à une certaine hauteur au-dessus de la latte ; cette opération est utile pour permettre de donner librement les façons, ainsi que pour assurer de l'air aux raisins. Les sarments, n'étant pas soutenus par les échalas, finiraient par s'entrelacer en un fouillis inabordable, quant la vigne est vigoureuse. Ces rognages se font dans certaines localités trop radicalement ; nous engageons à les faire avec la plus grande circonspection ; car il ne faut pas oublier que toute suppression de la partie foliacée d'une plante l'appauvrit.

Comme dans tous les systèmes précédents, l'épamprage doit se faire vers la fin de mai, en enlevant tous les bourgeons venus sur le vieux bois ; on ne ménage que ceux qui sont nécessaires pour y asseoir les côts de retour.

Les cépages cultivés en Médoc sont, en premier choix : le *cabernet sauvignon*, le *cabernet gris* ou *cabernet franc*, la *carmenère*, peu répandue, et le *petit verdot*, peu cultivé également ; viennent ensuite en deuxième choix, le *merlau* et le *malbec*, qu'on désigne dans certaines localités sous le nom de *gourdou*. Ces deux cépages, qui sont les meilleurs de nos vignobles communs, devraient être la limite extrême des cépages les plus ordinaires cultivés dans cette contrée privilégiée ; il n'en est malheureusement pas ainsi ; car beaucoup de vignobles, même bourgeois, ont des cépages plus communs que le *malbec*.

Parmi les grands crûs, il en est où le *cabernet-sauvignon* est le seul cépage cultivé, et ils ne s'en trouvent pas mal. Les crûs classés ne devraient cultiver que des *Cabernets* et une légère proportion de *petit-verdot*. Dans les crûs bourgeois, la proportion du *merlau* et du *malbec* réunis, ne devrait pas être de plus d'un cinquième ; tous les autres cépages devraient être bannis du Médoc, comme l'*enrageat* l'est de Sauternes.

Ce système de taille et de culture ne réussit pas seulement en Médoc; il donne d'excellents résultats partout où, sur un sol convenable, planté de cépages de choix, il est appliqué avec intelligence. Nous nous contenterons de citer comme exemple le domaine de Château-Lognac, à Portets et le domaine du Pape-Clément, à Pessac qui, placés l'un et l'autre dans des localités où la taille laisse beaucoup à désirer, ont adopté avec plein succès, la culture du Médoc.

Nous sommes convaincu que cette culture serait très-avantageuse pour les Graves des environs de Bordeaux. Les cépages y sont en général bien choisis, mais la taille y est presque partout détestable. Par l'adoption d'un système méthodique, un propriétaire arriverait plus facilement à un résultat satisfaisant, qu'en cherchant à perfectionner la taille du pays qui ne repose sur aucun principe et n'a pour lui aucun avantage. Le vigneron, en général, aime mieux adopter dans son ensemble une taille nouvelle, que modifier celle qu'il a toujours exécutée, et qu'il a la prétention de connaître mieux que personne.

CHAPITRE VII

—

DE LA TAILLE DES VIGNES A CORDONS UNILATÉRAUX SUR FIL DE FER

La taille des vignes à cordons unilatéraux sur fils de fer, nous l'avons déjà dit, est de notre invention. Nous la pratiquons sur notre propriété de La Réole, depuis plus de vingt ans ; elle est simple, méthodique, très-facile à comprendre et à appliquer.

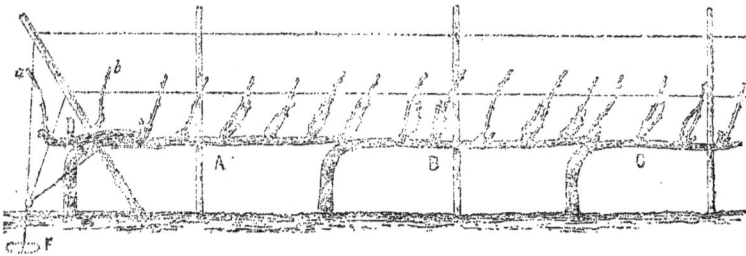

Fig. 63.

La figure 63 qui représente le tronçon d'un rang de vignes adultes, donne une idée de l'installation de ce système. Les ceps sont plantés à deux mètres les uns des autres; chacun d'eux forme une sorte de treille qui parcourt ces deux mètres et vient s'appuyer sur le pied suivant, ce qui forme sur toute la longueur du rang de vignes un cordon continu. Sur ce cordon, sont disposés à une distance régulière, de petits ceps que nous appellerons bras. Ces bras ont une grande

analogie avec ceux de la culture des palus ; ils se taillent et se retour-
nent près du cordon suivant les mêmes principes ; ils en ont la con-
formation, puisqu'ils sont le plus souvent composés d'une aste de cinq
à six boutons, d'un côt cabaley de trois à quatre boutons, quelquefois
aussi d'un petit côt ou œil de retour de un ou de deux boutons.

L'installation de ces vignes est faite, comme on le voit, sur trois fils
de fer soutenus par des carrassonnes plantées entre chaque cep. Le fil
de fer du bas soutient le cordon ; celui du milieu sert pour palisser les
astes, et celui du haut est utile pour attacher les sarments.

Les fils de fer sont soutenus aux extrémités de chaque rang, par une
forte carrassonne plantée en terre avec l'inclinaison qu'indique la
figure 63. Ces fils traversent la carrassonne dans des trous percés à
cet effet, et ils viennent s'attacher à l'œillet d'une culée F solidement
enterrée. Cette culée est fabriquée avec du fil de fer galvanisé, n° 18,
qu'on attache soit à une pierre, soit à une forte brique ou encore à un
morceau de bois rendu incorruptible, par un procédé quelconque.

Nous n'employons chez nous que du fil de fer noir, n° 16, recuit au
bois ; son prix est élevé, mais comme il est très-supérieur en qualité,
il finit par être le plus économique. On fixe le fil de fer aux carrassonnes avec des pointes au bois de 16 à 18 lignes. Il est très-important
que la pointe soit bonne ; c'est pourquoi nous croyons être utile au lecteur en lui signalant comme première marque, la pointe de Larivière,
à Limoges.

Fig. 64.

Nous nous servons pour raidir les fils de fer d'un appareil raidisseur
de notre invention, pour lequel nous avons pris un brevet d'invention
en mars 1861 ; ce raidisseur se trouve chez presque tous les marchands quincailliers ; ce brevet d'invention est périmé.

Cet appareil (fig. 64), se compose de deux étaux à main A, A, à
chacun desquels se trouvent adaptées deux poulies B, B, qui forment
une moufle. La figure 65 montre ces étaux en profil garnis de leurs
poulies.

Pour raidir un fil de fer dont les deux extrémités sont assujetties, on fixe solidement dans un endroit quelconque de la ligne chacun des deux étaux A, A, qu'on distance de 0ᵐ60 à 0ᵐ80; on fait manœuvrer la moufle, et on obtient sans effort toute la tension désirable. Sur les longues lignes, on n'obtient pas toujours la tension nécessaire en une fois; quand les deux étaux de l'appareil se touchent et qu'elle n'est pas suffisante, on arrête les deux fils en les prenant ensemble dans un étau portatif (fig. 66) qui les maintient au point de 'raidissage ob-

FIG. 65.

FIG. 66.

tenu; on reporte un des étaux de l'appareil un peu plus loin, on raidit de nouveau, au point de tension nécessaire, et on arrête le mouvement de la moufle. Le fil de fer raidi au degré voulu, on fait une ligature au moyen de deux œillets, ou mieux encore, si le fil de fer est de bonne qualité, on le coupe en laissant croiser les bouts de 0ᵐ10; on fixe sur ce croisement deux petits étaux (fig. 66) les têtes en regard à 0ᵐ06 l'un de l'autre; on enlève le raidisseur, puis on fait une torsion en tournant un étau à droite l'autre à gauche, ce qui fait une ligature très-propre et très-solide. Nous n'insistons pas plus long-temps sur les moyens de se servir de cet appareil, persuadé qu'il est connu et a été employé par la plupart de nos lecteurs.

Quand on se sert de ce raidisseur, si l'installation n'exige que deux fils de fer, il est indifférent de commencer le raidissage par l'un ou par l'autre, si au contraire elle exige trois fils de fer, il est important de raidir celui du haut le premier, celui du bas le deuxième, et celui du milieu le dernier, en observant de ne pas le raidir à une tension plus forte que les deux précédents.

La hauteur de l'installation des cordons varie un peu, suivant le milieu sur lequel on opère. Dans nos cultures de La Réole, où la vigne n'est pas sujette à la gelée, après diverses expériences nous avons fini par adopter la hauteur de 0m50 comme étant la plus avantageuse. Sur les sols où la vigne est sujette aux gelées printanières, cette hauteur peut être élevée jusqu'à un mètre pour en atténuer les effets; cette disposition n'a d'autre inconvénient que de donner plus de prise aux coups de vents sur l'ensemble d'une installation et d'obliger d'employer des carrassonnes plus solides.

La distance à observer entre les divers fils de fer est de 0m35 entre celui du bas soutenant les cordons et celui du milieu; elle doit être de 0m40 entre ce dernier et celui du haut, soit 0m75 entre celui du haut et celui du bas.

Toutes les carrassonnes employées dans nos cultures sont en châtaignier ou en acacia; on comprend qu'il y a avantage de n'employer que des bois aussi incorruptibles que possible, pour économiser la main-d'œuvre toujours chère; une installation solidement établie, dure quelquefois dix ans sans qu'on ait à y retoucher, ce qui, on le comprend, est très-avantageux.

Dans le système des vignes à cordons, comme dans les autres systèmes, la première taille se fait suivant les principes recommandés au chapitre Ier (principes généraux de la taille, page 20).

La deuxième taille se fait comme pour préparer l'anquage des vignes de Saint-Macaire (chap. III, p. 27), c'est-à-dire sur un seul sarment taillé à 30 centimètres environ de terre, sur lequel on ne laisse pousser que les deux ou les trois bourgeons supérieurs.

Le cordon devant être installé l'année suivante, il est utile de prendre quelques précautions, afin que la pousse donne des sarments assez développés et assez mûrs pour installer le cordon du premier coup; car nous avons reconnu de grands avantages à cette manière d'opérer.

Afin de faciliter le palissage des sarments, qui doivent se développer sur cette taille, il faut user d'un fil de fer soutenu de loin en loin par quelques carrassonnes. Ce fil de fer est installé comme l'indique la figure 67; il doit être mis à la place que doit occuper l'année suivante le fil de fer supérieur, pour éviter la peine d'un remaniement; dans nos cultures, le cordon étant installé à 0,50, la hauteur du fil supérieur est de 1 mètre 25 centimètres au-dessus du sol. Cette hauteur peut varier comme nous l'avons fait observer plus haut.

Les carrassonnes de l'extrémité D, doivent être bien choisies et mises en place définitivement; on peut y percer les trous pour l'installation des deux autres fils; enfin à chaque cep doit être mis un échalas pour maintenir le pied et palisser les jeunes bourgeons jusqu'à ce qu'ils arrivent au fil de fer. Ces échalas C, C, (fig. 67), doivent être plantés bien en ligne des ceps et du côté opposé à la direction à donner aux cordons, c'est-à-dire que si les cordons doivent être dirigés vers le Nord, les échalas devront être placés au midi des ceps. Nous en expliquerons plus loin le motif.

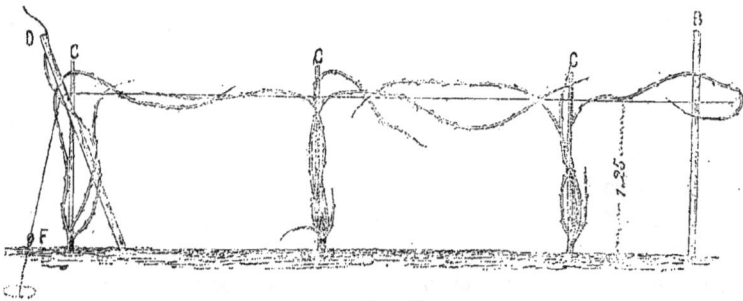

Fig. 67.

Les jeunes pieds taillés, installés et soignés, comme nous venons de le recommander, auront, à l'automne suivant, l'aspect de la figure 67, et leurs sarments seront dans d'excellentes conditions pour faire des cordons qui ne laissent rien à désirer (fig. 68).

Pour arriver à ce résultat, on taille les jeunes ceps, en ne leur laissant que le sarment qui réunissent les meilleures conditions de longueur, de vigueur et de direction; nous rappelons qu'un sarment de moyenne grosseur est préférable à un sarment très-vigoureux. On plante ensuite les carrassonnes et on installe les fils de fer, en observant entr'eux les distances citées précédemment, soit 0,35 entre le fil de fer du bas et celui du milieu et 0,40 entre celui du milieu et celui du haut.

Par la figure 68, on voit que les carrassonnes D, D, qui soutiennent les fils de fer, sont plantées entre les pieds de vigne et à égale distance de chacun d'eux; placées à un mètre des ceps elles ne fatiguent pas les racines et ont en outre l'avantage de soutenir les cordons vers le milieu de leur parcours, ce qui est très-utile, lorsque la **vigne** est chargée de raisins ; l'extrémité des cordons est soutenue par les petits échalas *d, d,* ou par la courbe du cep suivant, quand le pied, devenu assez fort, le petit échalas est supprimé.

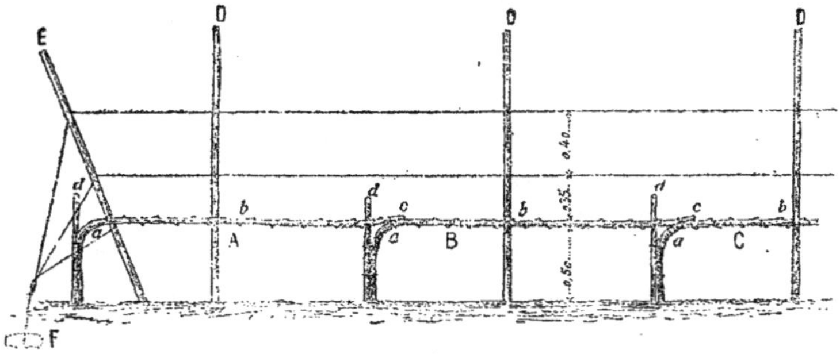

Fig. 68.

On met à chaque cep un petit échalas *d* (fig. 68), pour bien le maintenir en ligne, le garer de la charrue et faciliter la formation de la courbe du cordon ; ce petit échalas doit atteindre le premier fil de fer, mais il n'y a nul inconvénient à ce qu'il aille jusqu'au troisième. Il doit toujours être mis à l'opposé de la courbe *a,* et peut être supprimé, trois ou quatre ans après l'installation des cordons, lorsque la courbe est assez résistante pour soutenir l'extrémité des ceps précédents qui doivent venir s'y attacher, comme on la vu par **la figure 63.**

L'installation des fils de fer étant terminée et les petits échalas *d, d,* mis en place, on procède au liage. On commence par assujettir les pieds aux petits échalas, au moyen de deux liens, en observant que le lien supérieur soit à environ 0,10 à 0,12 en dessous du premier fil de fer. On veille à former les courbes *a, a,* de manière à ce qu'elles ne soient ni trop anguleuses ni trop développées. Enfin on attache les cordons le long du fil de fer en rapprochant assez les liens pour les maintenir bien droits. Les sarments qui forment les cordons devront, si leur longueur le permet, croiser de 0,10 environ sur la courbe du pied suivant, comme on le voit par la figure 68.

Il est très-essentiel, la première année de l'installation des cordons, de ne serrer les liens que modérément, de ne jamais faire deux tours avec les osiers qui fixent le cordon au fil de fer, si on veut éviter des étranglements très-nuisibles à la bonne circulation de la sève. Il serait même très-utile de visiter les jeunes cordons, vers la fin d'août, pour couper les ligatures trop serrées formant des bourrelets, ce qui arrive fréquemment, surtout vers l'extrémité des cordons.

Dès que les jeunes cordons seront liés avec toutes les précautions indiquées, ont doit procéder à leur ébourgeonnement, opération qui consiste à enlever à chacun d'eux, tous les yeux inutiles ou surabondants, pour obliger la sève à se porter de préférence sur les bourgeons utiles pour établir les astes l'année suivante.

Ces astes devant être établies sur toute la longueur du cordon, à des distances aussi uniformes que possible, il est essentiel que les boutons poussent sur ce cordon très-régulièrement ; c'est pourquoi il est utile qu'ils ne soient pas trop nombreux.

La distance d'un œil à l'autre sur des sarments de vigueur ordinaire, étant de 0^{m}07 à 0^{m}08 ; il suffira de laisser, sur les jeunes cordons, la moitié seulement des boutons, en supprimant de préférence ceux du dessous. Il faut en outre supprimer tous les yeux qui sont, à partir du sol, jusqu'à 0^{m}25 au moins au-delà de la courbe du cordon.

Lorsque les sarments dont on forme les cordons sont très-vigoureux, il arrive que les boutons sont très-distancés ; dans ce cas on laisse tous les yeux ou on n'en supprime que là où ils seraient dans les conditions citées plus haut. Cette observation s'applique aussi à certains cépages qui présentent le même phénomène.

Après l'ébourgeonnement des jeunes cordons, chaque cep ne conservera qu'une douzaine de boutons environ, régulièrement espacés, qui devront être soigneusement attachés au fil de fer du milieu, dès que leur longueur le permettra.

La première année d'installation, le viticulteur doit viser à avoir une végétation régulière sur chaque cep, pour que tous les yeux qui n'ont pas été supprimés poussent avec une vigueur à peu près égale.

Si tous les bourgeons d'un même cep poussent avec la même vigueur, ce qui est assez rare, il n'y a rien à faire qu'à les attacher aux fils de fer supérieurs, à mesure qu'ils y atteignent. Le plus souvent il arrive qu'un ou deux bourgeons les plus rapprochés de la courbe, ainsi que ceux de l'extrémité du cordon, poussent avec plus de vigueur que les autres ; dans ce cas, pour rétablir l'équilibre, il suffit de pincer l'extrémité des bourgeons vigoureux ce qui oblige la sève à se porter sur les faibles qui, par ce moyen, auront pris leur essor avant que les bourgeons vigoureux ne repartent. Ce pincement suffit presque toujours pour régulariser la végétation. Il ne doit se faire que vers la fin de mai ou en juin, quand la vigne est bien partie et que les bourgeons vigoureux atteignent 0ᵐ50 de longueur environ.

Il y a des pieds qui, ont une pousse très-irrégulière ; des boutons ne pousseraient même pas, sans un traitement énergique ; c'est pourquoi il est essentiel de surveiller les jeunes cordons et, si ce cas se produisait quand la végétation est bien partie, on pincerait tous les bourgeons les plus vigoureux un peu sévèrement. Le refoulement de la sève ferait partir les boutons arriérés.

En général, un premier pincement des bourgeons les plus vigoureux, suffit pour bien équilibrer la végétation. Il convient néanmoins de faire une seconde revue, un mois après la première opération, pour faire un nouveau rognage des bourgeons trop vigoureux.

On le voit, il faut pratiquer le pincement, mais jamais d'une manière générale, comme bien des personnes le comprennent. Il est utile de le faire sur les jeunes vignes, dans le seul but de régulariser la végétation. Il faut le faire aussi sur les vignes adultes, comme on le verra plus bas, pour empêcher les bourgeons placés au sommet des astes de devenir trop vigoureux, au détriment des bourgeons inférieurs qui seuls sont utiles pour les tailles suivantes.

Beaucoup de viticulteurs abusent du pincement ; ils croient qu'en pinçant tous les bourgeons au moment de la floraison, ils empêchent la coulure. C'est une grave erreur ; on favorise ainsi les bourgeons les plus vivaces qui repartent les premiers et s'emparent de toute la sève. D'autres rognent les sarments à outrance pour donner de l'air aux grappes. Cette opération est également mauvaise ; par un rognage trop radical on enlève une grande quantité de jeunes feuilles, ce qui arrête l'élaboration régulière de la sève ; les racines en souffrent ainsi que tout l'organisme de l'arbuste. Il serait préférable de faire ces rognages à plusieurs reprises, en supprimant moins chaque fois.

Si une gelée ou une grêle un peu forte survenait la première année de l'installation des cordons, il ne faudrait pas hésiter de provoquer

par un pincement sévère, la venue de jeunes sarments au-dessous de
la courbe des ceps; il faudrait soigner ces jeunes sarments, pour les
faire servir à refaire les cordons l'année suivante.

Il est important que la pousse des jeunes cordons ne laisse rien à
désirer, pour qu'à la taille suivante on puisse installer les astes qui
deviendront les bras, avec autant de régularité que l'indique les figures 63 et 72. La figure 69 représente la végétation des jeunes cordons
bien conduits, pendant le cours de la première année de leur installation.

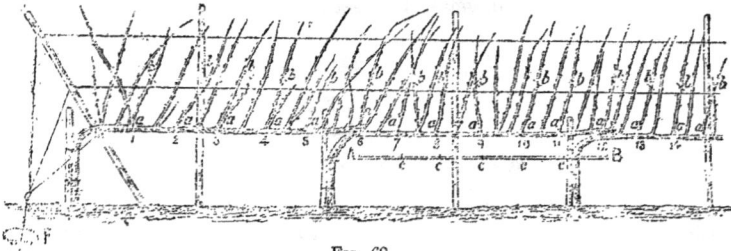

FIG. 69.

Le choix des astes est une opération qui demande, de la part du vigneron, une attention soutenue s'il veut opérer avec régularité.

Un rang de vigne est formé d'une suite de ceps disposés comme le
représente les figures 63, 70 et 72. Ces ceps forment un cordon non
interrompu sur lequel sont placés, de distance en distance et bien régulièrement, des bras qui doivent tous être traités comme de petits ceps
isolés.

Ces bras ont entre eux un intervalle de 0m33 environ. Les ceps étant
distancés de deux mètres, chacun d'eux a par conséquent une moyenne
de six bras. Cet agencement et cette distance, entre chaque bras, sont
nécessaires, pour éviter la confusion et faire que les sarments ainsi
que les raisins mûrissent dans de bonnes conditions.

Lorsque la vigne aura fait sa quatrième pousse, c'est-à-dire celle
qui suit l'installation des cordons (fig. 68), elle présentera, au moment
de la taille, si elle a été bien conduite, l'aspect de la figure 69, qui

nous montre deux pieds de *malbec* de quatre ans, vigoureux et régulièrement poussés.

La taille qui nous occupe est la plus difficile, ou pour mieux dire celle qui mérite la plus grande attention de la part de l'ouvrier. Les bras une fois établis, ne devant plus changer de place, il importe que la distance entre eux soit bien observée.

Par la figure 70, ont voit que les derniers bras *c, c,* de chaque cep, se trouvent à l'extrémité des cordons et reposent sur la courbe du cep suivant, ce qui oblige, si on veut bien observer la distance réglementaire de 0ᵐ33 d'un bras à l'autre, de placer le premier bras du cep suivant à environ 0ᵐ40 de l'aplomb de la base du pied. Cette disposition est avantageuse parce que, si le premier bras était trop près de la courbe, la sève s'y porterait en trop grande abondance, au détriment de l'équilibre de l'ensemble des bras de chaque pied.

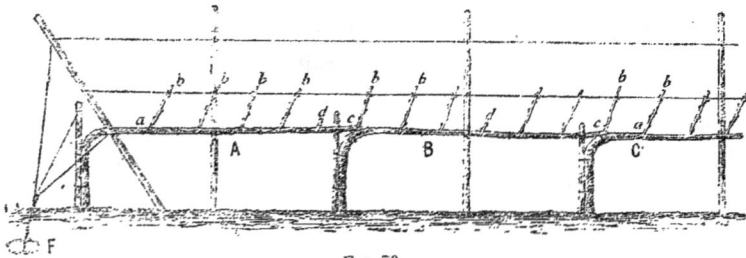

Fig. 70.

La place que doivent occuper les premiers bras *a, a,* ainsi que les derniers *c, c,* de chaque cep, étant déterminée presque mathématiquement, il devient très-facile de fixer la position des quatre autres.

Si l'on n'a pas une certaine pratique, on peut opérer avec précision au moyen d'une jauge A, B, (fig. 69) sur laquelle sont marquées des divisions *c, c, c, c,* indiquant la distance à observer entre chaque bras.

Au moment de la taille, le vigneron peut se servir de cette jauge qui lui indique, sans tatonnements, les sarments les mieux placés pour servir de base à chaque bras. Sur les installations très importantes, le choix des sarments devant former les bras, pourrait être fait par un

ouvrier intelligent qui, la jauge en main, désignerait ceux qu'il faudrait laisser soit en les rognant avec les sécateurs, soit en les mar-
quant avec un peu de peinture; l'expérience prouve qu'un marqueur
peut tracer du travail à quatre ou cinq vignerons, et abrége de beaucoup leur besogne. La jauge doit s'appliquer ras du cordon, le bout A
vis-à-vis la courbure du pied, c'est-à-dire à la dernière aste du cep
précédent; les chiffres de 1 à 14 (fig. 69) indiquent les sarments qui
doivent former les bras ; il faut les rogner de manière à ce qu'ils puissent être facilement attachés au deuxième fil de fer. Tous les autres
sarments seront supprimés, près du cordon, aussi nettement que possible. Les bras ne devant pas être. déplacés pendant toute la durée du
cordon, il serait à désirer qu'aucun bourgeon ne poussât, sur le cordon en dehors de leur base; c'est pourquoi nous insistons pour recommander d'enlever radicalement y compris la couronne de la base,
tous les sarments autres que ceux laissés pour former les bras.

La première année de l'installation des bras, chacun d'eux doit être
rogné en *b, b, b,* et attaché au deuxième fil de fer, comme on le voit
par la figure 70. Le sarment *d,* qui devait former le cinquième bras du
premier cep (même figure) n'ayant pas pris un développement suffisant, est taillé à côt de deux yeux; un accident survenu, au moment de
la taille, au sarment devant former le troisième bras du deuxième cep,
oblige de le tailler également à côt.

Cette première année, il ne faut laisser à chaque bras que de trois
à six boutons, suivant que les ceps sont vigoureux; pour être mieux fixé
sur ce point, il est bon de faire l'ébourgeonnage en même temps que
la taille, en ayant soin de ne pas trop charger les bras, pour obliger
à peu près tous les yeux apparents à partir avec une certaine vigueur.
On comprend que, si la grande majorité des bourgeons part avec
vigueur, il devient facile, au moyen du pincement d'établir un parfait
équilibre entre tous les bras. Il est également important, à cette taille,
de supprimer toutes les vieilles ligatures trop serrées qui gêneraient
la circulation de la sève en formant des étranglements.

Il arrive quelquefois, que le sarment destiné à former le cordon,
ne peut atteindre le cep suivant; dans ce cas, on installe les bras sur
la première partie du cordon et on le prolonge au moyen d'un sarment
bien placé, qu'on attache et ébourgeonne comme un cordon de première année. (Voir la fig. 71). On laisse alors moins de boutons sur

les bras établis et on les pince un peu plus sévèrement pour obliger la sève à se porter sur le prolongement.

La figure 71 représente trois ceps dans ces conditions qui, la première année, n'ont pu atteindre la courbe du cep suivant; le pointillé de la même figure indique les bras manquants qui devront s'installer l'année suivante; il est essentiel de surveiller particulièrement les bourgeons destinés à les former.

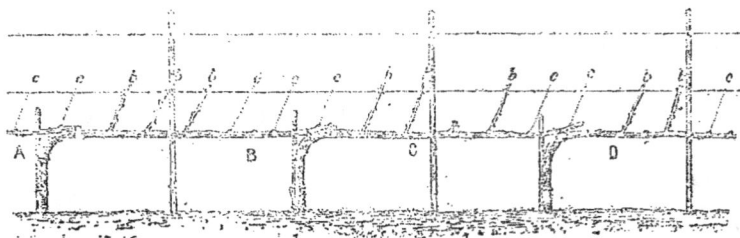

Fig. 71.

Le premier cep de chaque rang, se trouve dégarni à son point de départ; on remédie à ce défaut, en disposant un sarment c, partant de la base du premier bras (fig. 72), qu'on couche vers l'extrémité du rang; l'année suivante, on laisse sur ce sarment aux pointillés b, b, deux bras, qui garnissent le vide, comme le montre la figures 63 que nous avons vue au début du chapitre.

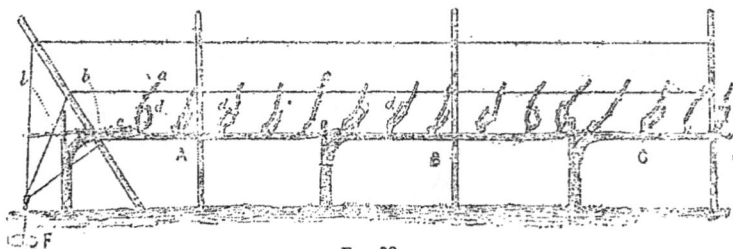

Fig. 72.

Pendant que les vignes sont jeunes et surtout sur certains cépages, l'attachage des bourgeons ne devra pas être négligé, pour éviter que le vent ne les mutile ou ne les arrache. Ces accidents sont toujours malheureux, mais surtout quand ils atteignent des bourgeons nécessaires à la formation des bras.

Le pincement, cette première année de l'établissement des bras, doit se faire de la manière suivante : Vers la fin du mois de mai, lorsque les grappes sont bien formées, qu'il fait chaud et que la végétation est bien partie, on pince, ras de la grappe supérieure, un ou deux des bourgeons du haut de chaque bras. Cette opération a pour but de fortifier les bourgeons inférieurs qui doivent fournir les éléments de la taille suivante. Pincés, ras de la grappe, les bourgeons ne repartent pas ou très-peu ; ils nourrissent leur fruit aussi bien que s'ils n'étaient pas pincés et n'absorbent pas inutilement une quantité de sève très-nécessaire ailleurs.

Lorsque les bras sont régulièrement établis, la vigne ne demande plus de soins aussi assidus et autant d'intelligence pour la taille. Le vigneron n'a plus guère à s'occuper que de la taille de chaque bras en particulier, qu'on peut considérer comme autant de petits ceps plantés sur le cordon. Si l'installation des cordons et des bras a été régulièrement faite comme nous l'avons indiqué, l'équilibre de végétation des six bras du même cep, sauf de très rares exceptions, est chose très facile ; en cas d'accident, le vigneron, y remédierait très facilement, nous en sommes convaincus.

Après avoir indiqué les moyens de former les jeunes cordons, il ne nous reste qu'à étudier la taille des bras qui, nous l'avons dit précédemment, doivent être considérés comme de petits ceps plantés régulièrement sur le cordon.

Cette taille est très-simple : elle est régie par les mêmes règles que la taille des bras sur les vignes des palus ; comme dans ce système nous appellerons *aste*, la branche principale *c ; côt cabaley*, la branche à fruit secondaire *b*, et *côt* ou *œil de retour*, le petit côt de un ou de deux yeux *a* (voir le bras de la fig. 80.)

Il est essentiel de veiller à ce que la taille de ces bras ne monte pas trop, c'est-à-dire ne s'encoure pas ; elle doit être ramenée, constamment, aussi près que possible de sa base, près du cordon. Ce résultat sera facile à obtenir si la charge n'est pas exagérée et si le pincement est régulièrement fait.

Pénétrés de ces principes, nous prendrons un jeune bras nouvelle-

ment installé, portant sept boutons bien apparents *a, b, c, d, e, f, g*
(fig. 73). Cinq boutons au moins *c, d, e, f, g,* partiront au moment de
la pousse; les bourgeons *f* et *g* seront pincés ras de la dernière
grappe, dès qu'elle sera bien formée, ce qui a lieu vers la fin de mai;
cette opération aura pour effet de faire partir le bouton *b,* peut-être

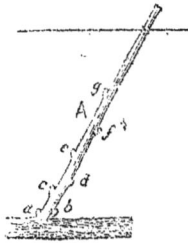

Fig 73.

même le bouton *a.* La figure 74 donne le produit en sarments du bras
que nous venons de citer, établi sur un cordon ayant beaucoup de vigueur. La figure 75 nous montre le même bras établi sur un cordon
plus faible, et sa végétation nous montre que, dans ce cas, la charge
était exagérée.

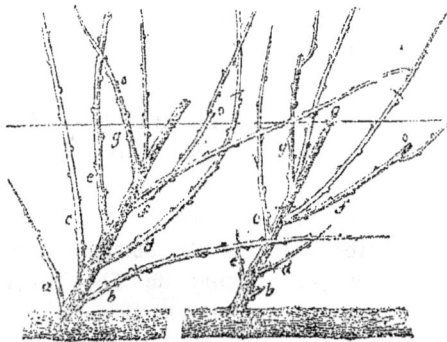

Fig. 74.   Fig. 75.

Pour tailler le bras (fig. 74), on laisse le côt cabaley en *b,* l'aste sur
le sarment *d* et on taille en couronne, c'est-à-dire presque ras, le sar-

ment *a*, puis on supprime tout le reste. Ce bras est représenté taillé et palissé (fig. 76), l'aste *d* porte six boutons et le côt cabaley *b* trois boutons.

Le bras (fig. 75) ayant été surchargé, doit être ménagé; on ne lui laissera qu'une aste de quatre boutons sur le sarment *f,* ou sur l'autre partant du même œil; un côt de deux boutons sur le sarment *d,* et un petit côt d'un œil sur le sarment *b;* ce bras est représenté taillé et palissé (fig. 77).

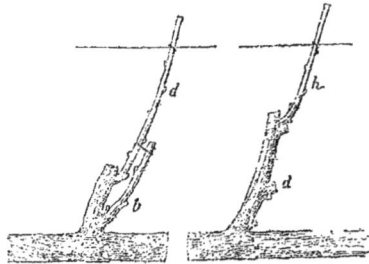

FIG. 76.   FIG. 77.

Comme nous l'avons dit plus haut, les bras (fig. 74 et 75) installés sur des cordons différents, représentent l'un et l'autre le résultat de la végétation du bras taillé (fig. 73). L'un a poussé avec beaucoup de vigueur, et la taille a été faite en rapport avec cet excès de végétation; l'autre ayant poussé faiblement, la taille a dû s'en ressentir; le bras de la figure 76 porte sept boutons très-fructifères dont cinq sur l'aste et deux sur le côt cabaley; le bras (fig. 77) n'a que quatre boutons qui puissent être considérés comme fructifères.

Le bras (fig. 78) représente le résultat obtenu en sarments par la taille d'un bras établi sur un cordon adulte. Le pincement exécuté en *o, o,* sur les deux principaux bourgeons supérieurs, a eu pour effet de faire partir quelques contre-bourgeons fructifères, qui ont dû donner leur contingent de raisins; cette opération a également fortifié les bois du côt cabaley.

La taille de ce bras est très-simple : on peut la faire en entier sur le côt cabaley, en supprimant la vieille aste; comme aussi on peut laisser encore, pour cette année, l'aste sur le sarment *c*, placé sur la vieille aste; cela dépend de l'ensemble de la végétation du cep. Si tous les bras du cep ont à peu près la même vigueur, on laissera une aste de six boutons sur le sarment *c*, un côt cabaley de trois boutons sur un des sarments venus sur le côt cabaley, avec une bonne direction et un petit côt.d'un œil sur la petite pousse *a*. Si ce bras était plus vigoureux que les autres établis sur le même cordon, il ne faudrait pas hésiter de rabattre la vieille aste pour ne laisser qu'une aste sur un des sarments venus sur le côt cabaley, avec un petit côt de deux yeux sur la petite pousse *a*.

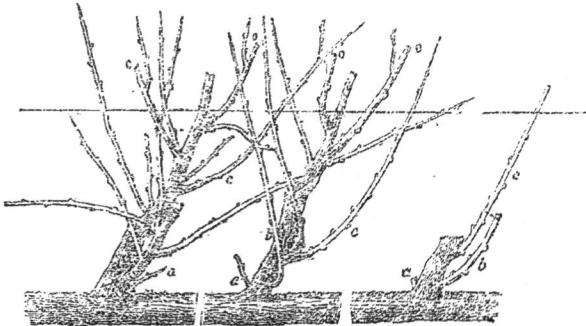

FIG. 78.   FIG. 79.   FIG. 80.

Le bras (fig. 79) représente le résultat obtenu en sarments du bras taillé (fig. 77). Les deux bourgeons supérieurs de l'aste ayant été pincés sévèrement en *o, o*, ras de la dernière grappe, la sève a été refoulée et les boutons des deux petits côts inférieurs ont très-bien poussé; la végétation de ce bras qui, l'année précédente, laissait beaucoup à désirer (voir fig. 75) a été parfaitement rétablie à un état normal, au moyen d'une charge modérée et du pincement des deux bourgeons supérieurs de l'aste. En opérant ainsi, on a sacrifié un peu de récolte; mais les récoltes suivantes dédommageront de cette perte momentanée. Pour la taille de ce bras (fig. 79), on laisse sur le sarment *c*, une aste de cinq ou de six boutons, suivant qu'on opère sur un cep d'une grande vigueur ou d'une vigueur ordinaire et un côt cabaley de trois ou de quatre boutons sur le sarment *b*; la petite pousse *a* a été taillée à un œil; ce retour est inutile dans le cas actuel, le côt cabaley étant très-rapproché du cordon, il est en outre placé en mauvaise position; c'est pourquoi il n'y aurait nul inconvénient à ce qu'il fût supprimé; mais si la taille était plus élevée, il ne faudrait pas négliger de le laisser. Lorsqu'un œil de retour , comme dans le cas actuel, se trouve placé sur le devant du bras, il faut, suivant la disposition des boutons, le tailler à un ou à deux yeux; il est indispensable que le bouton supérieur ait une disposition naturelle de pousser dans la direction de l'inclinaison des astes ou tout au moins à une direction verticale. Si le premier bouton près du vieux bois, a cette direction, on ne laisse que celui-là; dans le cas contraire, on laisse le deuxième en ébourgeonnant le premier. Nous insistons sur ce petit détail qui pourra paraître minutieux à beaucoup de nos lecteurs; mais si l'on tient à avoir des cordons dont la régularité ne laisse rien à désirer, il est indispensable de ne rien négliger à ce sujet. Il faut surtout que l'ouvrier chargé de la taille soit bien pénétré de la valeur de toutes ces recommandations; l'habitude de les observer une fois prise, le travail ne sera pas plus long à exécuter, que si l'on n'en tenait aucun compte.

Comme dans toutes les autres tailles, le vigneron intelligent doit, en opérant, avoir trois choses en vue : 1° la forme, c'est-à-dire la bonne direction des bras; 2° l'équilibre de tous les bras d'un même cordon; 3° le degré de charge qu'il convient de donner à l'ensemble des bras d'un même cep.

Pour maintenir la forme, ou bonne direction des bras, il faut ne laisser les côts de retour qu'en bonne situation; c'est sur eux que repose tout le système des bras; il est important que le point de départ soit bien placé; il est préférable de tailler un an et même deux ans de plus sur une aste encourue que de laisser un côt de retour qui ne réunirait pas toutes les conditions nécessaires et qui, en outre, pourrait nuire à la venue d'autres bourgeons mieux placés.

L'équilibre des bras d'un même cep s'obtient en chargeant moins les bras très-vigoureux, ou en rabattant la taille de ces bras sur des sarments faibles, ou enfin par un pincement plus sévère de l'ensemble des bourgeons des bras vigoureux; il est des circonstances où il est nécessaire d'employer plusieurs de ces moyens à la fois.

Quant à la charge à donner à l'ensemble des bras d'un même cep, le vigneron ne doit pas oublier qu'il faut moins charger les cépages fertiles que les cépages fins ; qu'il faut charger beaucoup les vignes placées sur les sols généreux, si elles sont vigoureuses, et ménager celles qui sont placées sur des sols maigres. Après s'être rendu compte de la taille précédente, qu'il est bien facile d'apprécier d'un coup d'œil, il doit augmenter la charge, si la végétation a été trop forte ; il la diminue, si la pousse a été faible et si des boutons, en trop grande quantité, ont avorté.

En ayant soin de renouveler souvent les bras, c'est-à-dire de les rabattre près du cordon, on évite de faire de fortes amputations, ce qui est important ; les boutons latents qui sont sur des bois relativement jeunes, poussent mieux que sur de vieux chicots, sur lesquels ils finissent par s'annuler. Nous avons, en outre, acquis la certitude que les astes placées sur des bras rajeunis, fructifient mieux que placées sur des bras trop vieux ; c'est pourquoi il convient de les rabattre tous les trois ou quatre ans.

Il est très-rare que, dans une période de deux ou trois ans, quelque bourgeon bien placé, ne pousse pas à la base près de l'empâtement des bras ; on devra les tailler à un ou à deux yeux, en observant que l'œil supérieur ait une bonne direction, comme nous l'avons recommandé plus haut. L'année suivante, le côt cabaley est laissé sur ce côt de retour ; deux ans après l'établissement de ce côt de retour, toute la taille du bras peut y être établie et le reste supprimé.

Lorsqu'un bras est trop encouru, laid ou mal placé, on ne doit pas craindre de laisser un côt cabaley, une aste même, sur une épampre venue sur le cordon en position convenable ; on rabat ensuite le bras défectueux, le plus tôt possible, c'est-à-dire quand ce nouveau bras est bien établi. Dans des cas comme celui que nous venons de citer, on ne charge que modérément cette aste ou ce côt cabaley, pour l'obliger à pousser tous les yeux qu'on leur laisse ; on les pincerait au besoin.

Toutes les astes doivent être attachées au fil de fer du milieu, avec une légère inclinaison dans le sens de la direction donnée aux cordons, telles qu'on peut le voir par les diverses gravures de ce chapitre. Les côts cabaley doivent être attachés à leur aste.

Un excès de végétation nuit à la fructification ; c'est pourquoi il ne faut pas craindre de charger une vigne très-vigoureuse; on ne la tue ni on ne l'appauvrit, en un an; si elle donne beaucoup de fruits, on en profite : si sa vigueur fléchit, on la soulage l'année suivante. D'un autre côté, une vigne surchargée dépérit et donne des produits échaudés et de mauvaise qualité; un excès de charge plusieurs années de suite, peut même lui être funeste. En conséquence, il faut autant que possible se tenir dans un juste milieu et ne tomber dans aucun des excès signalés.

Il faut couper aussi ras que possible tous les bois venus entre les bras, ainsi que ceux qui sont poussés à leur base en mauvaise situation ; si parmi ces derniers, il y en avait de bien placés qui ne fussent pas utiles sur le moment pour des côts de retour, on les taillerait en couronne. L'empâtement ou point de naissance de chaque sarment est garni d'une multitude de boutons qu'il est bon de ménager quand ils sont bien placés ; ces réserves sont utiles pour l'avenir.

Lorsque, par suite d'une gelée trop forte, d'une grêle désastreuse ou de toute autre cause, les cordons sont mutilés ou dégarnis de bras, il est très-facile de les reformer. Il faut pour cela, lors de l'épamprage du printemps, laisser au pied de chaque souche une épampre bien placée; on la taille l'année suivante à trois ou quatre boutons, comme pour préparer l'anquage. On laisse cependant subsister le vieux cordon qu'on doit tailler le mieux possible pour en obtenir du fruit, sans s'inquiéter de sa régularité attendu qu'il doit être enlevé. Les bois de taille laissés au bas des souches doivent être palissées à des échalas assez longs et on ne leur laisse développer que deux bourgeons qu'il faut avoir soin d'attacher jusqu'au haut des échalas. L'année suivante toutes les vieilles souches sont sciées et les cordons refaits avec les sarments préparés comme nous venons de l'expliquer.

Nos plus anciens cordons, dont quelques-uns avaient 0,25 de circonférence, furent très affectés de l'hiver rigoureux de 1870-1871. La neige qui y resta accumulée très-longtemps paralysa beaucoup de bras, ce qui nous engagea à les refaire. Ils ont été reconstitués par le procédé que nous venons d'expliquer; ils sont actuellement aussi réguliers que des cordons de 5 à 6 ans.

Les cordons plus jeunes, c'est-à-dire de moins de 12 ans, ne souffrirent nullement du froid, pas un bras ne resta en arrière.

Si, par suite d'un accident, un bras vient à disparaître du cordon et si aucune pousse ne vient à la place qu'il occupait, on le remplace en prenant un bois bien disposé, à la base du bras précédent qu'on couche sur le cordon; on ne laisse pousser sur ce bois qu'un ou deux yeux situés à peu près à l'endroit du bras à remplacer. L'année suivante on installe le bras sur le sarment le mieux placé et dans la suite on taille ce bras comme s'il partait de l'endroit même.

Les vignes taillées à cordons doivent se pincer tous les ans. Cette opération a lieu vers la fin de mai ou dans les premiers jours de juin, quand les grappes sont bien formées et que la végétation est bien partie. Ce travail est tout élémentaire, il peut être exécuté, soit par des femmes, soit par des enfants; ce pincement se fait ras de la grappe supérieure sur un ou sur deux bourgeons, les plus élevés de chaque aste; le plus ordinairement, il y en a deux, jamais plus de trois. Les bourgeons qu'on doit pincer sont faciles à reconnaître, placés qu'ils sont au sommet de chaque aste et dépassant toute autre végétation.

Les sarments de ces bourgeons seraient inutiles à la taille suivante, ils viendraient très-vigoureux et dépenseraient une grande quantité de sève, au détriment des bourgeons de la base des astes et du côt cabaley. Le pincement ras des grappes, ne nuit pas aux raisins et provoque, en outre, la venue ou le développement de quelques bourgeons qui, sans cette opération, resteraient stationnaires; ces bourgeons donnent leur contingent de raisins; ils augmentent la production d'une manière notable, tout en améliorant les éléments de la taille; car ce sont les bourgeons de la base de l'aste, du côt cabaley et des côts de retour qui profitent surtout de l'effet du pincement.

Le mode de taille à cordons unilatéraux, bien exécuté est incontestablement le meilleur de tous ceux que l'on pratique dans la Gironde.

Nul autre système ne favorise mieux les exigences de la physiologie végétale; la sève circule sans obstacle dans une branche unique pour se partager entre tous les bras d'un même cep. Nulle autre forme ne présente cette régularité mathématique dans l'agencement des branches à fruit, ni cette symétrie qui permet de les placer en grand nombre sans confusion.

La longueur des branches à fruit n'est pas exagérée comme dans certaines tailles et elle est suffisante pour faire fructifier les cépages fins. Par suite du pincement, les sarments sont nombreux et viennent à peu près tous d'une force moyenne, ce qui est une preuve de la bonne répartition de la sève. Enfin les raisins sont disséminés sur une très-grande surface, où ils peuvent jouir, quoique nombreux, d'une somme d'air et de lumière nécessaire à leur bonne maturation; ils produisent, eu égard à la qualité du sol et aux cépages cultivés, d'excellents vins.

Les lignes étant bien droites et les bras toujours maintenus en bonne direction, les labours sont faciles et le cavaillon laissé par la charrue insignifiant; ce qui fait une économie dans la façon. Une bonne installation avec des carrassonnes solides et de bon fil de fer est coûteuse, mais elle finit par être avantageuse, car elle dure longtemps et économise beaucoup de main-d'œuvre.

Nos premières installations de vignes à cordons datent de 1846; ce n'est guère que vers 1850 et à la suite d'essais concluants, que nous appliquâmes sur le cordon, les bras de la taille des palus. A partir de cette époque, toutes nos vignes furent transformées à cordons, malgré les pronostics peu encourageants des savants du pays; cette transformation opérée, nous n'avons jamais eu qu'à nous en féliciter.

Nous savons bien que beaucoup de propriétaires ont condamné ce système comme impraticable dans la grande culture. Nous soutenons que s'ils n'ont pas réussi dans son application, ils ne doivent s'en prendre qu'à leur inexpérience ou au mauvais vouloir de leur personnel.

Du reste, il ne nous appartient pas de faire notre éloge ; nous nous contenterons, pour édifier nos lecteurs, de faire passer sous leurs yeux, sans commentaires, des documents qui émanent de commissions ou de personnes de la plus haute compétence en viticulture.

APPENDICE AU CHAPITRE VII

—

DOCUMENTS RELATIFS A LA TAILLE A CORDON UNILATÉRAUX

Lorsque l'expérience eut établi la supériorité de notre système, nous crûmes de notre devoir d'en signaler les avantages à M. le Ministre de l'agriculture. Notre lettre fut transmise à M. le Préfet de la Gironde qui, par son arrêté du 29 août 1860, nomma une Commission chargée de venir étudier notre vignoble. Cette commission était composée de MM. Grabias, sous-préfet de La Réole, président; Dauzac de la Martinie et Guerre, membres du Conseil Général ; Moussillac membres du Conseil d'arrondissement de la Réole ; Ferbos, notaire à St-Macaire ; Delachaud, Juge de Paix à Pellegrue ; Bouchereau, propriétaire du château de Carbonnieux, membre de la Société d'Agriculture ; Mondiet, propriétaire à St-Pierre-d'Aurillac elle adopta le rapport suivant :

L'an mil huit cent soixante, le cinq septembre, les membres de la Commission nommée par arrêté de M. le Préfet de la Gironde, en date du vingt-neuf août dernier, à l'effet d'examiner le mode de culture appliqué à la vigne par M. A. Cazenave fils, propriétaire, sur son domaine de Frimont, à La Réole, se sont réunis sur la propriété susdite pour procéder à l'accomplissement de leur mission.

Sont présents : M. le Sous-Préfet de La Réole, président de la Commission ; MM. Dauzac de la Martinie, Guerre, Mondiet, Moussillac, Bouchereau, Ferbos et Delachaux.

La commission désigne M. Guerre pour les fonctions de rapporteur ; celui-ci a été suppléé par M. Ferbos pour cause de maladie.

Elle procède à un examen attentif de la propriété et écoute avec un intérêt les détails que lui donne M. Cazenave sur la pratique des procédés employés et sur les résultats obtenus ; elle paye un légitime tribut d'éloges au propriétaire, au sujet de la magnifique récolte qui orne ses ceps de vigne, comme un éloquent témoignage de l'intelligence qui préside à leur direction ; les raisins sont beaux, sains et nombreux ; la variété appelée *malbec* est surtout remarquable entre toutes.

Sur l'invitation de la Commission, M. Cazenave donne une explication très-détaillée de sa méthode. Après en avoir entendu l'exposé, la Commission se livre à la discussion de quelques points qui lui paraissent douteux, et elle reçoit de M. Cazenave des éclaircissements très-satisfaisants.

Un membre fait remarquer que le procédé de M. Cazenave a pour résultat, d'abord de diminuer notablement les frais de main-d'œuvre, chose très-importante dans la situation faite à la propriété, par la rareté et la cherté toujours croissante des travailleurs agricoles ; en second lieu, de supprimer aussi une partie des frais occasionnés par l'échalassage dont le prix devient de plus en plus élevé. D'un autre côté, le système de culture proposé paraît bien approprié à la physiologie végétale de la vigne sous le double rapport de la durée du cep et de son produit ; il tend notamment à favoriser la fructification en concentrant toutes les forces de l'arbuste sur les branches fructifères.

Un autre membre fait observer qu'il adopte complètement la méthode de M. Cazenave et qu'il l'approuve sans réserve dans son ensemble ; toutefois il pense qu'il y aurait peut-être inconvénient à l'appliquer d'une manière uniforme dans tous les terrains et sur toute espèce de cépages. Il y aurait, dit-il, lieu sans aucun doute à lui faire subir des modifications quant à l'espacement des ceps dans certains terrains et peut-être aussi faudrait-il choisir certains cépages. Mais, du reste, ces détails seraient l'affaire du propriétaire intéressé, qui connaîtrait mieux que personne la nature et les exigences de son sol ; d'ailleurs, cette observation n'a nullement pour but d'amoindrir le mérite de l'invention de M. Cazenave qui, en principe, ne laisse rien à désirer.

Après diverses observations, la Commission étant suffisamment éclairée, est d'avis à l'unanimité : « Que la méthode de M. Cazenave présente des avantages incontestables sous le rapport de l'économie des frais de culture, surtout par comparaison avec le procédé employé sur les palus de la Garonne et les contrées où les bras de l'homme sont seuls employés pour les travaux des vignes ; de l'abondance des produits ; que, par suite, elle constitue un véritable progrès dont la propagation serait un bénéfice pour un département aussi essentiellement vinicole que celui de la Gironde, et qu'il y a lieu de la signaler et de la recommander à la sollicitude éclairée de M. le Préfet, afin que ce haut fonctionnaire veuille bien contribuer à cette propagation par les mesures qu'il croira convenables à cet effet.

Ont signé :

Le Sous-Préfet de La Réole, Président de la Commission,
GRABIAS.

DAUZAC DE LA MARTINIE,   L. BOUCHEREAU,   MONDIET,   MOUSSILLAC,

Le Rapporteur,
FERBOS.

Ce rapport fut transmis par M. le Préfet de la Gironde à la Société d'Agriculture, qui, de son côté, nomma une Commission pour examiner la valeur de notre procédé de culture. Cette commission composée de MM. Bouchereau, de Longuerue et Clémenceau fit plusieurs visites sur notre vignoble. Elle rédigea le rapport suivant :

CULTURE DE LA VIGNE.

—

TAILLE A CORDON. — SYSTÈME CAZENAVE.

—

RAPPORT (1).

—

MESSIEURS,

Il n'est pas de culture qui se complique de modes plus nombreux que celle ayant la vigne pour objet : plantation, taille, labours, partout on diffère et partout on se croit dans le vrai, sans indiquer, toutefois, le motif saisissable du choix qu'on a fait.

___

(1) Ce rapport se trouve dans les *Annales de la Société d'Agriculture*, 1er trimestre 1863, page 55.

Depuis quelques années, on s'est surtout occupé de la taille ; on cherche celle qui, sans altérer la qualité du vin, peut assurer plus de vigueur, plus de durée au cep et une production abondante.

La taille à cordon unique, entre autres, s'est fait jour ; on l'a mise à l'étude dans la Gironde depuis que notre habile professeur d'aboriculture, M. Georges, est venu opérer dans la taille des arbres à fruits, une véritable révolution qui a déjà notablement augmenté le revenu de cette partie de nos productions et l'a transformé en source de richesse et de bien-être. Sur votre proposition, M. le Préfet, d'accord avec le Conseil général, a étendu à la vigne les leçons de ce professeur. De nombreux propriétaires ont tenté de mettre en usage la taille à cordon sur une petite échelle, afin d'en apprécier les avantages.

Mais déjà, un agriculteur distingué du département, M. Cazenave fils, lauréat de notre Société, avait fait dès 1846, sur sa propriété, à la Réole, des essais d'un nouveau mode de culture de la vigne, dans lequel entre ce système quelque peu modifié.

Les succès qu'il avait obtenus, le déterminèrent à demander à M. le Préfet de faire examiner sa méthode et, par son arrêté du 20 avril 1860, ce magistrat institua une Commission de sept membres (1), choisis parmi les notabilités agricoles, et qui, sous la présidence de M. Sous-Préfet de l'arrondissement, rédigea le 5 septembre de la même année, un rapport concluant ainsi :

« Que la méthode de M. Cazenave présente des avantages incontestables sous le double rapport de l'économie des frais de culture, surtout par comparaison avec les procédés employés sur les palus de la Gironde et dans les contrées où les bras de l'homme sont seuls employés pour les travaux des vignes ; sous le rapport de l'abondance des produits ; que par suite, elle constitue un véritable progrès dont la propagation serait un bienfait pour un département aussi essentiellement vinicole que celui de la Gironde ; et qu'il y a lieu de le signaler et de le recommander à la sollicitude de M. le Préfet, afin que ce haut fonctionnaire veuille bien contribuer à cette propagation par les mesures qu'il jugera convenables à cet effet. »

M. le Préfet vous a communiqué ce document en vous consultant sur l'utilité qu'il pourrait y avoir pour l'agriculture à propager la connaissance du procédé de M. Cazenave.

Vous avez chargé une commission composée de MM. Bouchereau, de Longuerue et Clémenceau d'examiner le vignoble de cet agriculteur et de vous donner son avis.

_____

(1) Commission composée de MM. Dauzats de La Martinie, Guerre, Mondiet, Moussillac, Bouchereau Ferbos et Delachaud.

C'est le 19 juillet dernier qu'elle s'est rendue pour la première fois sur la propriété qu'elle a visitée trois fois ; elle a pu ainsi apprécier sûrement les résultats obtenus.

L'ensemble du domaine de M. Cazenave est d'une étendue de huit hectares, dont deux hectares cinquante ares, ont été plantés en vigne. Le sol est argilo-siliceux, quelque peu mêlé de calcaire, il a été largement marné et préparé par des mouvements de terre, qui ont eu pour but d'en régulariser la surface de manière à assurer, en tout temps l'écoulement des eaux ; il est incliné vers le Sud, sa pente est de 4 à 8 p. 100.

Les plantations, dont les plus anciennes remontent à seize ans, et la plus récente à cinq ans, la taille, les façons ont été opérées ainsi qu'il suit. Je laisse parler M. Cazenave, lui-même, qui décrit son système dans ces termes :

« Le cordon est placé horizontalement à 0^m47 de terre, le long d'un fil de fer tendu sur de fortes carrassonnes, distancées de 2 mètres. A 0^m35 au-dessus du premier fil de fer, existe un deuxième fil destiné à palisser les coursons ; un troisième fil placé à 0^m40 du second, sert à palisser les sarments.

» Pour les rangs simples comme pour les rangs en plein, je plante à deux mètres de distance, dans la direction des rangs et dans la plantation en plein ; je laisse une distance de deux mètres entre les rangs pour donner de l'air et faciliter les labours qui se font soit avec un attelage de bœufs ou de vaches, soit avec un cheval. Je n'emploie les bras de l'homme que pour faire disparaître le cavaillon qui reste après le déchaussage.

» Je forme le cordon lorsque les pieds sont assez vigoureux pour avoir développé chacun, dans le courant de l'année, deux ou trois sarments de deux mètres de longueur, ce qui arrive ordinairement, vers la troisième année de la plantation. Je choisis le mieux constitué des deux que je couche le long du premier fil de fer. Il y a avantage à former le cordon en entier la première année, pour éviter des coupes qui gêneraient la circulation de la sève dans le canal d'amenée qui alimente toutes les branches à fruits. Il est évident que plus le canal est large et direct dans toutes ses parties, plus la sève se répartit uniformément, condition nécessaire pour obtenir des produits abondants et une maturité égale dans toutes les parties du pied de la vigne.

» Chaque pied fait deux mètres de cordon à un seul bras dirigé de manière à remonter la pente des terrains, lorsque le sol n'est pas horizontal. Pour les terrains en plaine, il est indifférent de diriger les bras d'un côté plutôt que de l'autre. Sur toute la longueur du cordon, je laisse de longs coursons ou plutôt des astes à des distances qui varient de 0,30 à 0,35 centimètres ; j'attache l'extrémité supérieure de chaque aste au second fil de fer, en l'obliquant un peu, dans le sens de la marche ascendante de la sève.

» Il importe que le premier courson de chaque bras, ne soit pas sur la courbe que décrit le cordon à la sortie du pied, car la sève n'ayant pas encore pris la direction horizontale affluerait en trop grande abondance vers ce premier courson, au détriment des coursons placés vers le milieu du cordon. J'évite cet inconvénient en plaçant le premier courson à quelque distance de la courbe, alors que la sève a pris la direction horizontale, et, pour éviter le vide à l'endroit de la courbe, je fais croiser le bras voisin de la longueur nécessaire.

» La première année de l'établissement, il importe de distancer convenablement les coursons qui ne doivent plus être déplacés.

» Je taille ces coursons à 0,30 ou 50° de longueur, selon la vigueur et la fertilité des cépages, et j'ébourgeonne les yeux de l'extrémité; après quoi, chaque année, je les ramène par la taille le plus près possible du cordon. Mais comme la longueur que je donne aux coursons fait que les bourgeons de la base n'acquièrent pas dans une année la vigueur nécessaire pour que je puisse toujours asseoir la taille sur le cordon, je ménage à la base des coursons un bois de remplacement pour les renouveler dans deux ou trois ans au plus, afin d'éviter de trop fortes amputations qui nuiraient à la plante.

» Je pratique le pincement sur les bois les plus vigoureux, et j'obtiens ainsi une uniformité dans la végétation qui fait que la force végétative qui passerait dans les gourmands, se répartit dans les fruits et dans les bois de la base des coursons qui sont mieux disposés pour la taille,

» Dans ma manière de cultiver la vigne, les fruits ne sont pas massés, ils sont au contraire établis le long du cordon dans toute la hauteur des coursons, et par conséquent, ils jouissent tous de l'air et de la lumière nécessaires pour arriver à parfaite maturité. Je n'ai pas besoin d'insister sur les quantités des produits; il me suffira de dire que quelques rangs de *Pressac* ou de *Malbec* ont donné à raison de 18 tonneaux (158 hectolitres 40 litres) par hectare.

» Le système est applicable à tous les terrains, en ayant soin de donner au cordon et aux astes un développement en rapport avec la fertilité du sol. Dans les terrains les moins généreux où l'on peut cultiver la vigne avec quelque avantage, on obtient en distançant les pieds d'un mètre, la végétation nécessaire pour retirer de la taille en cordon tous les avantages qu'elle présente.

» J'ai déjà dis que je laissais les coursons à 0ᵐ30 ou 50° de longueur; l'expérience m'a démontré que la plupart de nos cépages ne produiraient pas ou produiraient très-peu avec la taille à coursons courts. Je n'ai trouvé que le *Chasselas* donnant des fruits sur les yeux de la base. Le *Malbec* et deux ou trois autres cépages ne sont pas improductifs dans ces conditions; mais la plupart des autres espèces ne produiraient que du bois avec la taille à deux yeux. »

La commission a trouvé les vignes de M. Cazenave dans les meilleures conditions, sous tous les rapports; elle s'est assurée de l'exactitude de la description du système en usage que je viens de mettre sous vos yeux; elle a pu reconnaître que les avantages que s'en promettait ce cultivateur, avaient été obtenus ; qu'une abondante, une magnifique récolte était pendante.

Les ceps et le cordon attestaient beaucoup de vigueur. Les pampres de l'année étaient bien nourris dans toutes leurs parties ; s'il n'eussent été soumis au pince-ment, nous aurions vu, certainement, une végétation luxuriante ; mais par cette opération, faite en temps opportun, elle avait été contenue au point convenable et la sève avait été refoulée vers les boutons à fruit ; chaque pied était générale-ment garni d'un grand nombre de grappes dont les grains multipliés étaient très-développés et du plus bel effet à l'œil

A l'aspect de la disposition de la plantation, de la direction donnée au cordon et aux astes et de celle prise par les pousses qui constituaient une sorte d'étalage en rideau peu profond, on jugeait aisément que les pampres comme les fruits étaient sous l'influence bienfaisante de l'air, de la lumière et de la chaleur ; que l'eau et la rosée ne peuvent rester longtemps sur la vigne ; qu'il doit y avoir con-séquemment moins de chances de gelée et de coulure que sur les vignes dont les rameaux trop nombreux et laissés dans tout leur développement appellent et en-tretiennent l'humidité, l'effet de ces heureuses dispositions se fait infailliblement sentir dans toutes les phases par lesquelles passe la vigne et surtout dans celles de sa maturation, qui est plus hâtive, plus égale et plus complète que dans les systèmes suivis jusqu'ici.

Les ceps peuvent être plus ou moins éloignés entre eux selon les cépages, selon la nature et la richesse du sol. On peut aussi établir le cordon plus ou moins rap-proché de la terre, suivant que l'on veut faire profiter les raisins de la chaleur que réfléchit celle-ci, pour perfectionner la maturité, ou que l'on désire s'en éloi-gner afin d'éviter les effets de l'humidité dans les sols bas ou que les eaux fati-guent, et où elles causent des gelées ou peuvent contribuer à retarder la matu-rité ou à la rendre imparfaite. Le système peut donc s'appliquer également aux vignes dites hautes et basses.

Le soufrage avait eu lieu, il avait parfaitement réussi ; il n'apparaissait que quelques grappes portant des traces d'oïdium. Ce succès faisait un constraste frappant avec l'état des vignobles voisins où l'on n'avait soufré qu'imparfai-tement, et de ceux où l'on n'avait pas soufré ; ceux-ci étaient dans un état déplo-rable, on pouvait considérer la récolte comme perdue.

Ainsi que nous l'avons dit plus haut, l'étendue du vignoble de M. Cazenave est de deux hectares cinquante ares ; il a donné en 1862, trente-cinq tonneaux de vin.

La commission a goûté les vins de plusieurs années provenant de ce vignoble ; elle les a trouvés de bonne qualité eu égard à la nature du sol et aux cépages ; elle a remarqué surtout la supériorité et l'état de conservation de ceux de 1860, com-parés à ceux de la même année, d'autres propriétés de la localité, ce qu'elle a at-tribué à la facilité et à l'égalité de la maturité.

En résumé, la commission est restée convaincue que l'ensemble du système adopté par M. Cazenave est bon et offre des avantages, et qu'il y a lieu d'en conseiller l'application avec la mesure que comportent la nature du sol et l'essence des cépages.

CLÉMENCEAU, rapporteur.

Ce rapport fut discuté dans les séances générales de la Société d'Agriculture des 13 et 27 janvier 1863, et adopté, tel qu'il est rédigé ci-dessus.

La discussion est trop intéressante pour que nous en privions nos lecteurs; nous la reproduisons in-extenso d'après les Annales de la Société d'Agriculture de la Gironde.

SOCIÉTÉ D'AGRICULTURE DE LA GIRONDE

(Séance du 13 janvier 1863)

Présidence de M. Adrien BONNET.

RAPPORT de M. Clémenceau (1) au nom d'une commission spéciale, sur le vignoble de M. Cazenave, à La Réole.

Ce rapport avait été demandé à la Société par S. Exc. le Ministre de l'agriculture, à la suite de communications adressées directement au Ministre, par M. Cazenave. Le rapport de cette commission entre dans des détails circonstanciés sur la situation de la propriété, sa constitution géologique, la nature des cépages, le mode de plantation, la méthode de taille, la culture et les soins divers donnés à ses vignes par M. Cazenave. Il s'appesantit surtout sur la méthode de taille appliquée par cet agriculteur et il la décrit sous le nom de taille à cordon unique, d'après les notes de ce propriétaire. Le rapporteur passe ensuite à la tenue du vignoble, signale la santé parfaite des vignes, leur fécondité exceptionnelle et la maturation uniforme des raisins; il cite à l'appui de cette fécondité le chiffre de tonneaux de vin récoltés en 1862, trente-cinq tonneaux sur deux hectares et demi. La commission entre aussi dans quelques détails sur les qualités des vins; elle a reconnu qu'ils étaient supérieurs à ceux pro-

_____

(1) Extrait des Annales du 1er trimestre 1863, p. 7.

duits dans les propriétés voisines. La commission n'hésite pas à attribuer la majeure partie des excellentes conditions de ce vignoble à la méthode de taille de M. Cazenave et elle propose des conclusions dans ce sens.

Le Dr Cuigneau s'élève contre ces conclusions. Il les trouve trop absolues. Il comprend difficilement qu'entre autres bienfaits, la taille produisit une supériorité dans les qualités du vin. Ce fait est contraire à l'observation. La qualité dérive du sol, des cépages et de la maturation. La taille n'agit que très-secondairement. Il voudrait donc voir les conclusions de la commission modifiées à ce point de vue.

M. Fabre de Rieunègre confirme les faits avancés par le rapporteur. Il a visité le domaine de M. Cazenave avec son homme d'affaires et la Société appréciera combien était remarquable l'aspect général de la récolte, la tenue de la propriété et la santé des vignes, lorsqu'elle saura que son homme d'affaires s'est empressé de lui déclarer que la méthode de taille et de culture de M. Cazenave lui paraissait supérieure à toutes les autres et qu'il demandait à l'adopter. Il ajoute que c'est aussi son opinion et qu'il se propose de réaliser de promptes réformes, dans ce sens, dans ses domaines.

M. Dupont rend hommage au zèle de la commission. Il reconnaît l'exactitude des faits rapportés, des observations recueillies. Il a visité le vignoble de M. Cazenave, quelques jours avant la vendange. L'impression qu'il a ressentie de cet examen est très-favorable à l'agriculteur qui l'exploite et qui l'a créé. Mais il voit, avec un certain étonnement, la commission attribuer l'admirable fécondité et la santé parfaite des vignes à la méthode de taille appliquée par M. Cazenave. Il croit que la commission eût été plus dans le vrai en faisant, dans ce résultat, une large part à la nature du sol et aux soins spéciaux dont il est l'objet comme fumure et marnage. M. Dupont a recueilli de la bouche même de M. Cazenave que le vignoble avait été largement marné et fumé. Il y a dans ce fait une explication rationnelle de l'admirable fécondité signalée dans le rapport, qui ne porterait aucune atteinte aux avantages inhérents à la taille.

M. Villegente a planté des vignes à cordon unique. Leur taille et leur conduite ne diffèrent pas de celles de M. Cazenave ; il peut juger pratiquement des avantages du système dont parle le rapport. Il ne croit pas qu'ils soient aussi étendus ni aussi positifs qu'on semble l'affirmer. Il voudrait que les conclusions de la commission fussent moins précises. Dans une question de cette gravité, l'expérience la plus longue est nécessaire pour former l'opinion. Il y a des inconvénients dans la taille et la conduite de la vigne à cordon, qu'on n'a point signalés et dont il a été victime en 1860 et en 1861, la gelée. Leur fixité sur le fil de fer les expose davantage à cette intempérie. La gelée se fixe moins sur les branches ballotées par les vents. Pour ce motif et pour d'autres encore, il demande que la commission formule des conclusions moins absolues.

M. Régis a expérimenté aussi la conduite et la taille d'une partie de ses vignes à cordon unique avec fil de fer. Ce qui l'étonne dans les appréciations du rapport, c'est l'influence attribuée à la taille dans la production des vignes de M. Cazenave. Cette production est considérable et elle ne peut être attribuée qu'à la richesse naturelle ou artificielle du sol. Il sait que par de bonnes fumures et des amendements appropriés, on arrive à une production intensive. Mais en dehors des engrais, il est possible d'apprécier l'influence de la taille à cordon sur la quantité du produit. Dans les vignes à joualles, composées de mancin, de malbec et de nauchamp, la taille à cordon a produit chez lui, un quart environ de raisins de plus que la taille ordinaire ; toutes ces vignes sont très-bien fumées, parfaitement tenues et elles sont loin, dans des terrains à peu près similaires à ceux dont parle le rapport, d'avoir donné 15 tonneaux à l'hectare. Il y a donc chez M. Cazenave des conditions de fertilité exceptionnelle dont le rapport n'a pas tenu un compte suffisant. Ils désirerait à cet égard de plus amples renseignements.

Quant aux inconvénients attribués par M. Villegente à cette méthode, c'est-à-dire, une plus grande susceptibilité pour la gelée, il a fait dans son vignoble des observations complétement opposées. Cependant ses vignes sont coudées à 45 centimètres du sol, quelques-unes un peu plus bas. Il a observé un fait qui expliquerait jusqu'à un certain point, l'aptitude plus grande de cette forme pour éviter la gelée, c'est la moindre quantité de feuilles que possèdent les vignes à cordon. Il a également fait la remarque que ces vignes produisaient un quart de raisins plus que les autres, environ. Malgré cette supériorité de produits apportés au pressoir, le raisin des vignes à cordon n'a pas donné une plus grande quantité de moût ; cela tient, peut-être, à la maturation des raisins, toujours plus avancée et plus complète sur cordons. Il n'insiste pas sur les observations dont on vient de parler, qui militent en faveur de la taille préconisée dans le rapport, parce qu'il n'a pas une expérience assez longue pour affirmer leur importance. Il nie seulement que la taille à cordon puisse, seule, produire, sans le concours de fumures exceptionnelles, avec les cépages ordinaires, dans les terrains que le rapport de la commission a fait connaître à la Société, 35 tonneaux de vin dans deux hectares et demi.

M. de La Vergne ne croit pas que les amendements et les fumures soient suffisants à expliquer une production aussi considérable, si le sol n'était par sa constitution élémentaire éminemment favorable à une grande production.

M. le Rapporteur répond que le terrain dont il est question est profond et très-favorable à la vigne, qu'il est extrêmement bien cultivé. Quant à la taille, il croit que les précédents orateurs n'ont pas parfaitement compris ce qu'il en a dit. La taille, dont MM. Villegente et Régis ont parlé, n'est pas celle de M. Cazenave.

M. Fabre de Rieunègre a constaté dans la visite qu'il a faite chez M. Cazenave, que les terres voisines produisaient divers arbustes pauvres et malingres et des

9

vignes malades tandis que chez cet agriculteur, les vignes étaient très-vigou-reuses et exhubérantes de santé.

M. Cuigneau reproche au rapport la conclusion qui consisterait à attribuer à cette taille une influence sur la qualité des vins. De ce que l'échantillon de vins de 1860 s'est trouvé de qualité supérieure chez M. Cazenave, il ne s'en suit pas que cette supériorité soit un des effets immédiats de la taille. Il demande une modification du rapport dans ses conclusions sur ce point.

M. le Rapporteur répond qu'il n'a pas tiré cette conséquence des faits qu'il a rapportés. La commission a comparé des vins et elle s'est bornée à dire quels étaient les meilleurs. Il donne lecture, à nouveau, des conclusions de la commis-sion.

M. Laliman ne croit pas qu'on puisse contester à la taille une influence sur les qualités des vins. Témoin la taille du Médoc. Quant à la quantité, un terrain fer-tile peut toujours donner des produits considérables avec la taille horizontale. Il approuve les conclusions du rapport s'ils recommandent la généralisation de cette méthode de tailler et de conduire la vigne.

M. Régis répond à M. Laliman que la qualité des vins tient plus aux cépages et au sol qu'à la taille. Quant à la quantité, il n'y a pas d'homme pratique qui ne sache que la fertilité d'un sol quelconque ne puisse être fructueusement augmen-tée par des amendements et des engrais.

M. le Président regrette que M. Cazenave ne soit pas présent pour jeter quel-que lumière sur les points obscurs de cette discussion. La question de qualité pourrait être résolue par l'opinion d'un honorable négociant de Bordeaux, qui a reçu un échantillon des vins de M. Cazenave. Sa présence ou de nouveaux rensei-gnements étant indispensable pour conclure le débat, il renvoie la suite de la dis-cussion à une prochaine séance. L'ordre du jour de la séance actuelle n'étant pas épuisé, il propose d'avoir dans le courant du même mois une réunion supplémen-taire. Cette proposition est adoptée.

M. de La Vergne a déposé sur le bureau divers échantillons de soufre. Il prie ses collègues de les examiner. Il entre, pendant cet examen, dans des détails techniques intéressants, sur les préparations de cette substance.

La séance est levée.

Le Secrétaire :
F. RÉGIS.

Le Président :
A. BONNET.

SOCIÉTÉ D'AGRICULTURE DE LA GIRONDE

(Séance du 27 janvier 1863.)

Présidence de M. Adrien BONNET

—

M. le Président annonce que la Société va reprendre la discussion sur le rapport de M. Clémenceau (1), relatif aux cultures de M. Cazenave à La Réole.

Sur la demande de M. Bouchereau, M. Clémenceau donne lecture de son rapport. Il ajoute que les observations présentées dans la dernière séance l'ont décidé à demander des renseignements nouveaux à M. Cazenave. Ce dernier lui a répondu dans une lettre dont il donne lecture. Cette lettre répond aux différentes objections dont son système de taille et de culture de la vigne a été l'objet. Il affirme d'abord que la taille à cordon horizontal, comme il la pratique, préserve la vigne des effets de la gelée, plutôt qu'elle ne les favorise. Il cite ce qui lui est arrivé en 1861. Il rappelle qu'il y a dix ans il fit un marnage général de toute la partie nord de son domaine, à raison de 150 mètres cubes à l'hectare. Depuis il n'a ni fumé ni marné ses vignes. Il fait connaître ensuite ses modes de plantation, à la bêche et à la charrue avec un défoncement de 0,50, qui ont également réussi ; l'emploi des boutures qu'il a fait dans ses plantations et des barbeaux de pépinière de différents âges. Ces derniers lui ont paru préférables, d'abord parce qu'il en manque moins, qu'ils n'exigent qu'une profondeur de 0,35 ; moins de soins généraux, et parce qu'ils donnent une demi récolte après la troisième pousse, souvent après la deuxième.

Il entre ensuite dans des détails circonstanciés sur la production de son vignoble et sur le prix de ses vins.

Après cette lecture, M. Clémenceau réfute les observations présentées dans la dernière séance, sur les marnages fréquents que le domaine de M. Cazenave aurait reçus, sur les quantités de vins récoltées. Il termine en disant que la fécondité de ce vignoble ne peut être attribuée qu'au système de taille et de culture auquel il est soumis ; que ce système influe puissamment aussi sur les qualités, car il assure plus de jour et plus de lumière à l'arbuste ; le fruit est dans des conditions plus favorables de développpement régulier et sa maturation est toujours plus parfaite et plus uniforme.

---

(1) Extrait des *Annales* du 1er trimestre 1863, p 16.

M. Bouchereau était membre de la commission, mais il n'a pu, à son grand regret, visiter le domaine de M. Cazenave. Il est convaincu que les résultats énoncés dans le rapport ont été obtenus. Mais le système de taille et de conduite des vignes, tel que l'a observé la commission, n'est pas nouveau du tout, et M. Cazenave n'a d'autre mérite que de l'avoir judicieusement appliqué chez lui.

Le premier vigneron qui l'a introduit dans la Gironde est M. Girard, paysan de M. de Piis, dans une propriété aux environs de La Réole. Il y a 30 ou 40 ans que ce paysan fit l'essai de la taille à cordon horizontal, à branche unique, dans les contrées habitées par M. Cazenave. La production obtenue à cette époque fut de onze tonneaux au journal. M. de Piis appela un peu plus tard ce vigneron dans son domaine de Cadaujac. Les vignes de ce domaine furent taillées suivant cette méthode. M. de Montesquieu imita l'exemple dans son vignoble de La Brède; M. Ricard et moi la suivîmes aussi dans nos propriétés situées dans la commune de Léognan; seulement, au lieu de disposer le cordon à un seul bras, nous en laissâmes deux. La supériorité de la taille à cordon, à un ou deux bras, sur toutes les autres, au point de vue de la production, est incontestable et incontestée. Reste à savoir si elle se maintient après 25 ou 30 ans et quelle est sa durée? Thomery nous offre depuis longtemps un spécimen complet de cette taille. Le système de Guyot, imité de Thomery, n'est pas exempt de quelques inconvénients. L'amputation annuelle des coursons détermine un empâtement disgracieux à l'extrémité du cordon, nuisible peut-être à certains points de vue, à la circulation de la sève et à l'utilisation de la majeure partie des sucs nourriciers au profit des raisins. Le système suivi par M. Cazenave présente des avantages soit pour les labours à la charrue, soit pour assurer d'excellentes conditions au développement et à la maturation des fruits. Cette pratique pourrait être introduite dans le Médoc. Elle entraînerait l'économie de lattes sans nécessiter l'installation des fils de fer. La seule objection qu'on pourrait adresser à l'adoption de cette méthode dans cette contrée, c'est que les vignes du Médoc ne produisent que très-peu de fruit lorsque le cordon est court. Il serait facile de remédier à cela. En résumé, M. Bouchereau approuve la taille à coursons, et conseille de subordonner la quantité des cordons à la fertilité du sol.

M. Clémenceau reconnaît qu'il appelle à tort, du nom de M. Cazenave, le système de taille et de conduite de ses vignes. Le mérite de M. Cazenave, ici, consiste à l'avoir appliqué avec une grande intelligence depuis plusieurs années et à n'avoir pas douté de sa supériorité sur tous les autres systèmes. Cette supériorité frappe d'ailleurs dès que l'on observe. Cette méthode, ainsi qu'il l'a dit dans son rapport, présente à tous les points de vue, direction de l'arbuste, utilisation de la sève, travail à la charrue, distribution, développement et exposition des fruits, pincement, des avantages physiologiques et économiques certains. L'inconvénient signalé dans la taille Guyot par les fréquentes amputations des coursons est évitée presque complètement ici, puisque le courson n'est coupé sur l'aste que tous les deux ou trois ans.

M. Bouchereau n'a pas voulu louer sans réserve cette méthode, qu'il reconnaît, cependant, dans des situations données, tout-à-fait supérieure aux autres. Les vignes à cordon sont plus exposées à la gelée et à la grêle; rien ne les protége, en effet, contre les intempéries. Dans les autres systèmes, le bois, les lattes, jouent un rôle protecteur, très-efficace quelquefois. Quant au pincement, il est très-facilement applicable partout, aussi bien que sur le cordon.

M. F. Régis trouve dans la lettre de M. Cazenave, que vient de lire M. Clémenceau, une explication satisfaisante de la fertilité de son domaine. Le marnage opéré par M. Cazenave, il y a dix ans, à raison de 150 mètres cubes à l'hectare se fera probablement ressentir pendant quelques années encore, surtout si la marne était riche. Les marnages ordinaires sont de 90 mètres cubes à l'hectare. Celui de M. Cazenave, par ses grandes proportions constitue une amélioration exceptionnelle, dont l'influence sur la production doit être encore très-sensible aujourd'hui. La comparaison entre la fertilité moyenne des terres voisines et celles du domaine, dont s'est occupé le rapport, serait un élément utile pour éclairer la question.

M. de Georges cultive une partie de son vignoble d'après ce système. C'est le professeur d'arboriculture de Bordeaux qui a été chargé de ce travail; il l'a admirablement exécuté. M. de Georges a constaté que les vignes à cordon, donnaient un tiers de raisin de plus que les vignes taillées d'après les autres systèmes.

M. de La Vergne ne croit pas qu'il y ait lieu à exagérer l'importance de la fertilité signalée dans le rapport. Il a eu l'occasion de visiter plusieurs vignobles sur les rives de la Garonne, assez rapprochés de celui de M. Cazenave, et il a trouvé, partout où la récolte avait pu être conservée, des productions au moins égales. Ainsi, dans le vignoble de M. Coutays, à Saint-Macaire, on a récolté 14 tonneaux dans 60 ares; chez M. Ch. Gibert, 23 tonneaux dans un hectare; chez M. le comte de Lachassaigne, un tiers de journal a produit 11 tonneaux. Il pourrait citer plusieurs vignobles encore, où la production a été aussi abondante sur les vignes non taillées à cordon. Nul doute que la composition du sol joue ici le rôle capital. Les terres dont il parle, ont une couche végétale de plusieurs mètres d'épaisseur. Le système souterrain de la vigne s'y développe au loin et l'on a trouvé des racines à la profondeur de cinq mètres. La plupart de ces vignes sont taillées suivant la méthode connue sous le nom de taille de Saint-Macaire. Cette taille ressemble à celle recommandée par M. Guyot, moins l'horizontalité. On fait décrire un cercle à la tirole. Chez M. le comte de Lachassaigne, la taille n'est plus la même. Quant à M. Cazenave, la production qu'il accuse n'a rien d'extraordinaire, que si on la compare avec celles des vignes voisines, chaque année dévastées par l'oïdium et tenues avec une grande incurie. M. Cazenave soigne parfaitement sa culture, soufre avec intelligence et amène au pressoir tous les raisins que portent ses vignes. M. de La Vergne croit en résumé, que si les voisins de M. Cazenave suivaient son exemple, luttaient énergiquement contre l'oïdium, ils arriveraient à une production approximative, avec la taille locale.

M. Ducasse cite un seul fait qui peut donner la mesure de la fertilité de certaines terres. M. Piola a fait 22 tonneaux de vin dans quatre journaux de vignes, situées dans la palu, et non taillées à cordon.

M. Bouchereau reconnaît que toutes les tailles sont bonnes pour produire du raisin, et que partout la production est en rapport avec la longueur des branches à fruit. Mais toutes les tailles ne présentent pas le même avantage au point de vue de la conservation du bois, et tous les terrains ne comportent pas une égale longueur des branches à fruit. Dans les terres de palu, on ne laisse pas assez de bois à la vigne, dans les terres maigres, il faut tailler court; quant à la conservation du bois, la taille à cordon mérite la prééminence sur toutes les autres.

M. le baron de Pichon cite l'expérience d'un propriétaire du Médoc, qui a taillé ses vignes à un bras, dans des terres maigres et graveleuses. L'essai n'a pas été profitable à cette méthode, ce propriétaire est revenu à l'ancienne taille du Médoc. M. de Pichon ne connaît pas les circonstances qui ont motivé ce brusque changement.

M. Clémenceau cite un fait emprunté à la culture du Médoc, dont les résultats ont été favorables. M. Merman a mis en cordon une partie de ses vignes, dans la commune de Saint-Estèphe, il y a déjà quelques années. Ses vignes lui ont donné une plus grande quantité de raisins que les autres et une maturité plus uniforme et plus grande.

M. Supsol partage le sentiment de M. Bouchereau sur la nécessité de subordonner la longueur des branches à fruit à la fertilité du sol. Dans les palus, les vignes sont taillées en crucifix. Cette taille donne d'excellents résultats. Mais la taille à cordon rend la culture plus facile, plus économique, plus conservatrice. Les objections que l'on a adressées à la taille Guyot, sont sérieuses et vraies. La méthode suivie par M. Cazenave est plus rationnelle et plus pratique. Il voudrait que le rapport réservât les questions de plus grande maturité et de qualités supérieures du vin, accordées à cette méthode.

M. Malvesin ne croit pas à l'influence de cette taille sur la qualité des vins. Dans le Médoc, on trouve la taille longue et taille courte. Quelle est la meilleure ? Cela est subordonné aux cépages et au sol. Quant à l'influence de la taille sur les qualités du produit, il ne la conteste pas absolument. Si l'aste est trop longue, les fruits seront plus abondants, mais ils présenteront moins de développement et de maturité. Si le bois à fruit est court, les raisins seront plus fournis dans leurs grains et leur maturité sera plus précoce. La longueur ou la brieveté de l'aste doivent être subordonnées à la fertilité du sol. Dans le Médoc, les cépages fins ont besoin d'être taillés long. Les Carmenets qui donnent tant de qualités aux vins de cette partie du département ont l'aste plus long. La substitution du cordon pourrait avoir dans le Médoc un autre inconvénient que ceux qui ont été signalés ; c'est de trop exposer les fruits au grillage. Chaque méthode présente donc ses avantages et ses inconvénients.

M. Cuigneau s'est préoccupé des qualités du vin de M. Cazenave, que le rapport reconnaît supérieurs à ceux de ses voisins. Il a consulté le négociant qui les a achetés cette année. Ce négociant ne partage pas, aujourd'hui, l'opinion de la commission. Il ne peut pas se prononcer, loin de là. Quant à l'affirmation du rapport sur ce point, il manque dans l'œuvre de la commission un élément important pour la faire adopter. La commission n'a pas pesé les moûts et tout le monde sait que ce poids est consulté avec certitude, quand on veut se rendre compte pour l'avenir, des qualités, de la longévité et de la conservation des vins. Le cordon favorise les phases du produit, assure leur maturation ; le sucre s'y développe en plus grande quantité ; le vin peut avoir, immédiatement après les vendanges, quelques qualités sucrées de plus. Mais, est-ce à dire que ces vins seront meilleurs un jour, posséderont des qualités supérieures ? L'affirmation du rapport est trop absolue sur ce point. M. Cuigneau rend toute la justice raisonnable à l'intelligence de M. Cazenave ; mais il ne s'associe pas aux conclusions de la commission. Il demande qu'on se livre à de nouvelles expériences et qu'on ajourne toute solution.

M. Clémenceau rappelle les conclusions du rapport. La commission s'est bornée à déguster les vins recueillis depuis six ans. Ces vins lui ont paru supérieurs aux vins receuillis par des voisins de M. Cazenave. La commission s'est bornée à faire connaître ce fait sans commentaire. Elle n'a pas, il est vrai, pesé les moûts comparativement ; cette méthode n'est pas usuelle, et il serait fort difficile de l'introduire dans nos mœurs commerciales.

M. le Président a interrogé M. Michaëlsen sur les qualités des vins de M. Cazenave ; cet honorable collègue a répondu que lorsqu'il avait acheté ces vins, ils étaient supérieurs à leur provenance. Quant aux questions de conservation et de longévité, il ne pouvait pas se prononcer encore.

Plusieurs membres proposent successivement des modifications dans les conclusions du rapport. Après une discussion assez longue, M. le Président résume le débat. Il met aux voix un amendement de M. Pereyra, qui tendrait à restreindre l'application de la taille à cordon aux vignes plantées dans des terrains similaires à ceux de M. Cazenave. Cet amendement est rejeté.

Un amendement proposé par M. Cuigneau et auquel se rallie la commission, est mis aux voix et adopté à l'unanimité. *(Voir ce rapport page 82.)*

SOCIÉTÉ D'AGRICULTURE DE LA GIRONDE

(Séance du 3 août 1863.)

Présidence de M. Adrien BONNET

—

Propriété de M. Cazenave, à La Réole (1).

Le vignoble situé à La Réole, que M. Cazenave fils a créé en introduisant le système de la taille à cordon, sur lequel il fut fait, l'année dernière, un rapport à la Société d'Agriculture, a continué de se maintenir dans l'état le plus satisfaisant, malgré les conditions si défavorables de l'année.

La récolte y est relativement abondante, d'une grande régularité, et la maturation y marche plus rapidement et aussi plus également que dans les autres vignobles. Les bois sont beaux, bien nourris, et permettront une taille très-convenable dans le système adopté.

La commission qui a visité ce vignoble avec beaucoup d'attention, il y a peu de jours, est demeurée convaincue qu'il y a là une amélioration qui, en se répandant, doit amener de très-heureux résultats. Elle n'hésite pas à déclarer que, par les soins, par la persévérance qu'il a apportés dans l'application du système, M. Cazenave s'est rendu utile à l'agriculture, et que ce sera faire acte de justice à son égard que de lui décerner une médaille d'or.

Elle en fait donc la proposition formelle.

Le Rapporteur,

CLÉMENCEAU.

SOCIÉTÉ D'AGRICULTURE DE LA GIRONDE

(Séance du 9 novembre 1864.)

Présidence de M. Adrien BONNET.

—

Le Président fait connaître les résultats de la culture du vignoble

---

(1) Extrait des *Annales de la Société*, du 3me trimestre 1863, p. 187.

de M. Cazenave en 1864, exposés de la manière suivante dans une lettre qu'il en a reçue (1) :

« Nous avons fait une assez bonne récolte, malgré la grêle, qui, en a emporté un quart ou tout au moins un cinquième. Nos 11,402 mètres de cordons de vignes adultes, qui à notre plantation, représentant 2 hectares 28 ares, ont donné 102 barriques de vin, 102 hectolitres à l'hectare, 34 hectolitres au journal bordelais.

» 656 mètres de jeunes cordons installés cette année ont donné 3 barriques de vin : récolte totale, 105 barriques de vin sur 2 hectares 41 ares 12 centiares ; ajoutez à cela 4 mètres pour cent pour les allées nécessaires, on arrive au total de 2 hectares 50 ares 76 centiares. Je me propose de porter des échantillons de notre vin à la Société à la première réunion. »

Un échantillon du vin de M. Cazenave a été déposé au Secrétariat.

Le Président dit qu'il avait lui-même fait tailler, sous la direction de M. Cazenave, une pièce de vigne de la contenance de 29 ares, à Mérignac, qui avait été plantée au mois d'avril 1862. Cette petite pièce a produit 3 tonneaux et demi. Il ajoute qu'il serait désirable que les propriétaires qui ont adopté cette méthode de taille fissent connaître les résultats obtenus.

SOCIÉTÉ D'AGRICULTURE DE LA GIRONDE

(Séance du 17 août 1866.)

Présidence de M. Adrien BONNET.

—

EXTRAIT du Rapport de M. Richier sur le concours pour la médaille ministérielle en 1866 (2).

Salut à Floirac ! (3) Ce beau vignoble se divise en deux régions bien distinctes, le coteau et la plaine ; l'une basé sur un fond de calcaire, l'autre assise sur des alluvions récentes. La palus présente 24 hectares plantés en malbec, merlot et

---

(1) Extrait des *Annales de la Société*, du 2me semestre 1864, page 165.

(2) Extrait des *Annales de la Société*, 2me semestre 1866, page 110.

(3) La médaille ministérielle fut accordée, en 1866, à M. Guestier, pour la bonne tenue de ses vignobles, Château de Beychevelle et Floirac.

verdot, qui mûrit parfaitement malgré le voisinage et le mauvais exemple du verdot de M. Chaigneau.

Ici encore règne la taille à cordons que la Société d'Agriculture a tenue jadis sur les fonds baptismaux. Grande fille aujourd'hui elle fait honneur à la fée qui, lui promit au berceau l'empire des vignobles paludéens. Nulle part la taille de M. Cazenave n'a été mieux comprise, ni mieux appliquée. Ici nous ne retrouvons aucune des fautes que nous avons pu signaler ailleurs. La sève s'épanche abondante dans l'artère unique qui lui est préparée et se divise exactement entre les six astes jumelles qui doivent la convertir en fruits.

M. Guestier, osant réagir sur le passé, a soumis une partie de ses vieilles vignes à la méthode ; ces vétérans du vignoble, mutilés mais rajeunis au contact d'une serpe habile, rivalisent par leur bonne tenue avec les plantations nouvelles, et, au milieu de cette population fougueuse, apportent à la qualité du vin un secours indispensable. Dans les terrains voisins de la rivière, la vigne a été plantée à 2 mètres 33 centimètres ; tout le reste est espacé à 2 mètres. Les fils de fer s'appuient à des piquets de pin injecté et se réunissent aux culées à un fil de fer galvanisé qui en fixe l'ensemble au moyen d'un drain enterré.

» Les 14 hectares cultivés à cordons sont faits à la journée, sous la surveillance de l'homme d'affaire. Nous félicitons M. Guestier d'avoir compris que l'opération de la taille la plus importante de toutes, est ordinairement confiée à des mains trop avides, qui ont intérêt à aller vite, dussent-elles mal faire.

SOCIÉTÉ D'AGRICULTURE DE LA GIRONDE

(Séance du 1er juillet 1868.)

Présidence de M. Adrien BONNET

EXTRAIT du rapport de M. A. Bonnet sur le prix d'ensemble accordé, en 1868, à M. E. Bosc, pour son domaine de Beyzac, situé commune de Verteuil, canton de Pauillac (Médoc) (1).

Les vignes forment la partie la plus importante de l'exploitation, et tiennent

---

(1) Extrait des *Annales de la Société* du deuxième semestre 1868, p. 141.

la première place dans les travaux du domaine, dans les préoccupations et dans les soins du propriétaire.

Les vignes occupent 32 hect. 50 ; elles ont toutes été plantées par M. Bosc, sauf 9 hect. 17, sur lesquels 4 hect. 17 doivent prochainement être supprimés. Les cépages employés sont à peu près exclusivement le malbeck et le cabernet-sauvignon ; chacun de ces cépages a son terrain de prédilection : le malbeck dans les terres à l'ouest du domaine, plus argileuses et plus profondes ; le cabernet-sauvignon à l'est, dans des sols plus siliceux. Le sous-sol calcaire n'est jamais loin ; il est souvent attaqué par les instruments, et quelquefois il est si près de la surface, que l'on ne peut s'empêcher de s'étonner de la vigueur de la vigne.

La culture est celle du pays faite avec le plus grand soin. La nature du sol et du sous-sol rend les fumures à la fois nécessaires pour obtenir la quantité, et sans danger pour la qualité ; elles se font toujours au moyen de composts convenablement préparés.

La cause principale de la belle végétation et de la remarquable production du vignoble doit être cherchée dans la taille qui est tout à fait en dehors des usages du pays, et s'exécute d'après une méthode très-étudiée et très-rationnelle.

M. E. Bosc reporte à M. Armand Cazenave l'honneur du progrès considérable accompli sur ce point dans son vignoble. Incomplètement satisfait des usages qu'il voyait pratiquer sous ses yeux, des raisons par lesquelles on les justifiait, il s'adressa à M. Cazenave dont les travaux venaient d'être signalés par les publications de la Société d'Agriculture. M. Cazenave vint à Beyzac dans l'hiver de 1862-1863, il fit des essais de taille ; le succès complet de ces essais, la clarté, la sûreté des principes appliqués, leur parfaite conformité avec les faits observés, décidèrent M. Bosc à tailler, dès l'année suivante, tout son vignoble d'après ces principes. Le résultat a été, pour les quatre années 1864, 1865, 1866 et 1867, une production moyenne de plus de 70 hect. à l'hectare, sans le moindre symptôme d'épuisement dans l'aspect et dans la végétation de la vigne, au contraire avec des signes certains de vigueur croissante. L'année 1868 paraît devoir élever encore cette moyenne de production. Il est vrai que, pendant ces cinq années, la vigne a échappé aux fléaux qui la frappent trop souvent, la taille ne l'aurait pas préservée de la gelée de 1861 qui détruisit toute la récolte; mais on ne peut attribuer qu'à la taille la production abondante et régulière des quatre dernières années et celle que promet l'année courante.

Si les principes de cette taille sont fixes, leur application varie beaucoup et se prête à des formes diverses. Le cordon, que l'on identifie volontiers avec la méthode de M. Cazenave, n'est pratiqué à Beyzac que sur une échelle restreinte : 3 hect. 33, soit 5 journaux de malbeck et autant de cabernet-sauvignon, sont seuls soumis à cette forme. Il faut ajouter que nulle part la production n'est plus abondante et plus régulière, et la végétation mieux équilibrée que dans ces deux pièces. Chaque cep forme un cordon de 1 mètre; la première aste est placée à environ 30 centim. de la courbe du cordon, deux autres astes se placent à 30 centim. de distance, de sorte que la troisième de chaque cep correspond à la courbe du cep suivant. Chaque aste taillée à un nombre d'yeux correspondant à la nature du cépage et à l'état de vigueur du cep, communément à quatre yeux pour le cabernet, avec un peu moins de charge pour le malbeck, chaque aste est accompagnée de son *côt* de retour à un ou deux yeux. La plus grande partie du vignoble est taillée à deux branches, accompagnées chacune de leur retour, d'après des principes absolument semblables à ceux qui dirigent les cordons. Enfin, des tailles spéciales sont appliquées à de très-vieilles vignes qui doivent être prochainement arrachées, pour en obtenir jusqu'à la fin une production abondante. Il n'est pas fait de pincement. Quelques rognages suffisent à égaliser les végétations des diverses parties des ceps.

SOCIÉTÉ D'AGRICULTURE DE LA GIRONDE

(Séance du 11 août 1869.)

Présidence de M. Ferdinand RÉGIS.

—

EXTRAIT du Rapport de M. Richier sur le concours de viticulture en 1869 (1).

La taille à cordons est pratiquée dans le vignoble de La Louvière (2) selon la méthode exacte de M. Cazenave.

En voici le résumé, souvent mieux décrit, rarement mieux appliqué que dans le cas actuel : plantée dans des terrains convenablement préparés, la vigne atteint en liberté sa troisième année. Le moment est venu de coucher le cordon. Le vigneron détruit tous les yeux qui regardent le sol et conserve ceux de dessus. L'année suivante, la charpente du pied doit être établie. Il est facile, pour élever ses astes, de choisir les meilleurs bois parmi la végétation qui résulte de la taille précédente. Trois astes, placées à 30 centimètres environ l'une de l'autre, sont réservées sur le cordon; la première devra être suffisamment éloignée du point

—

(1) Extrait des *Annales de la Société*, 2ᵉ semestre 1869, p. 221.
(2) La grande médaille ministérielle fut accordée à M. Alfred Marcilhac, pour son vignoble de La Louvière, situé commune de Léognan, près Bordeaux.

de torsion. Il reste à étudier alors la force végétative du sol et la vigueur du pied, à tenir compte du cépage, puis à détruire et à conserver un nombre d'yeux, qu'en règle générale il est impossible de déterminer ailleurs que sur le terrain. Les astes sont attachées à un fil de fer fixé lui-même à 30 centimètres environ au-dessus du cordon. En les inclinant le plus possible, on travaille pour le fruit au détriment des parties vertes. Les pousses de l'année, enfin, seront attachées à un second fil placé à 35 centimètres du premier.

Ainsi constitués sur des terrains dont la fertilité varie selon que la silice, l'argile et le calcaire, sans cesse combinés, présentent à l'analyse des proportions différentes, les cordons de La Louvière ont produit les résultats les plus complets. Nous ne saurions laisser passer ce fait sans en conclure, une fois encore, que la taille à cordons est celle qui peut s'appliquer le plus exactement à toutes les natures de terrains, à condition que l'on soit capable d'apprécier les ressources que l'on a à exploiter et la mesure dans laquelle on peut en tirer parti. Si, sur des palus fertiles vous modérez le fruit, le pied s'emporte, part en bois, coule et ne produit rien, et cela avec tous les systèmes de taille ; si, dans des terrains moins riches, vous taillez en fermier, vous obtiendrez du fruit la première année, peu de bois la seconde, et la ruine du vignoble ensuite. N'imputez pas à la taille à cordons les déceptions que certains viticulteurs ont éprouvées en s'en servant ; attribuez-les à toute autre cause, voire même à leur ignorance, si vous ne trouvez mieux. N'admettons pas de cette taille la définition impropre que beaucoup voudraient faire prévaloir : « Un moyen de faire rendre à un vignoble un revenu égal au capital, pour l'abandonner ensuite. » Non ! la taille à cordons est, au contraire, entre les mains d'un homme habile, l'art de faire donner à la vigne susceptible d'être cultivée à hauteur la proportion exacte du fruit qu'elle peut nourrir sans compromettre son avenir.

La Société d'Agriculture de la Gironde célébra sa fête annuelle, à La Réole, le 30 août 1874. Cette cérémonie, présidée par M. Ferdinand Régis, fut favorisée par un temps splendide. Vers la fin du banquet, MM. Régis, Adrien Bonnet, alors député de la Gironde, et quelques membres du bureau qui avaient visité notre vignoble plusieurs fois, ayant manifesté le désir de le revoir, une excursion fut spontanément décidée et mise à exécution.

M. Pascal, Préfet de la Gironde et M. le Sous-Préfet de La Réole, se décidèrent à y venir et furent suivis de nombreux excursionnistes.

Beaucoup de félicitations nous furent adressées. Nous nous bornons ·à citer, à ce sujet, la partie du compte-rendu de la fête qui parle de cette visite :

Une charmante excursion agricole a terminé cette journée. Une visite a été faite dans le domaine de M. Cazenave, où chacun a pu admirer la grande fécondité et l'excellente tenue de ce petit vignoble, modèle de la taille à cordons, modèle aussi d'une culture intelligente (1).

Voici maintenant qu'elle était l'opinion de M. le Docteur Jules Guyot, le grand apôtre de la viticulture en France, sur la valeur de notre système et comment il racontait ses impressions, lorsque pour la première fois, en 1864, il se trouva en présence de notre culture appliquée en grand :

Enfin, le type le plus nouveau et le plus extraordinaire que j'aie eu à observer est la conduite de la vigne en cordons. Ce type est original et intéressant, non-seulement par sa vigueur et sa fécondité, mais encore parce qu'il apporte de précieuses lumières dans la théorie et dans la pratique de la viticulture. Son inventeur M. Cazenave, de La Réole (Gironde), en a fait de grandes et belles applications, et en a amené la pratique à la précision et à la perfection.

Il décrit ensuite le système, et plus loin il ajoute :

La vigne dans certaines conditions de sol et de climat, qui lui sont des plus favorables, refuse absolument ses fruits, si elle n'est pas chargée d'un certain nombre d'yeux, qui modèrent et utilisent normalement la puissante pression de sa sève ascendante ; le cordon à aste de l'Isère, de la Savoie, de l'Ain, etc., et le cordon à côt et à aste de la Gironde, sont les systèmes les plus rationnels et les plus efficaces pour faire produire le plus de bois et le plus de fruits à toutes les vignes, mais surtout aux vignes qui peuvent se développer avec vigueur. Toute l'attention et tout le talent du viticulteur, dans leur application, consisteront à proportionner le nombre d'yeux à l'expansion ligneuse, jusqu'à ce que celle-ci ne présente plus aucune fougue capable d'emporter le raisin. C'est précisément là ce qu'a cherché à faire M. Cazenave, et c'est ce qu'il a obtenu dans la perfection.

Dans la crainte de fatiguer nos lecteurs, nous arrêtons ici les citations sur les mérites reconnus de notre méthode de taille. Nous avions eu la pensée de réfuter quelques assertions et exagérations qui font partie des débats de la Société d'Agriculture des 13 et 27 janvier 1863,

(1) Extrait des *Annales de la Société d'Agriculture*, année 1874, page 174.

sur le rapport de M. Clémenceau. Nous avons pensé qu'en parcourant les pièces qui viennent à la suite, nos lecteurs seraient assez édifiés sur les arguments qu'on opposait dans le principe au système, et qu'ils apprécieraient les choses à leur valeur.

Du reste, nous n'avons aucun profit à prouver la supériorité de notre méthode de culture, si ce n'est celui, que nous apprécions beaucoup, d'être utile à la viticulture et au bien-être général.

Le rapport de M. Richier, en 1866, sur le vignoble de M. Guestier, situé en Palus; celui de M. Adrien Bonnet, en 1866, sur les cultures de M. Emile Bosc, domaine de Beyzac, à Verteuil (Médoc); enfin, celui de M. Richier, en 1869, sur le vignoble de M. Mareilhac, à Léognan, dans les Graves, démontrent jusquà l'évidence que notre système exécuté avec intelligence peut être appliqué avec succès aussi bien dans les sols ordinaires que dans les sols de choix.

Il ne viendra à l'esprit de personne de supposer que ces rapports ont été faits pour les besoins de la cause.

Bordeaux. — Imp. J. Lamarque, rue Porte-Dijeaux, 43.

CHAPITRE VIII

—

DE LA TAILLE GUYOT

Le docteur Jules Guyot a rendu de grands services à la viticulture française, en appelant sur elle l'attention de beaucoup d'hommes intelligents qui, sans ses écrits, ne s'en seraient jamais occupés. Il créa en Champagne, en 1850, sur un terrain très-pauvre, un vignoble sur lequel il appliqua une taille spéciale, ainsi qu'un système de paillassonnage contre la gelée ; il obtint de magnifiques résultats.

En 1861, il fut chargé par le Ministre de l'Agriculture de parcourir les divers départements vinicoles de la France, avec mission d'étudier les modes actuels de viticulture, de faire connaître les procédés dont l'expérience et la pratique avaient établi l'efficacité, d'imprimer par ses conseils et ses instructions un mouvement de progrès désirable, enfin de dresser un rapport général sur le résultat de ses appréciations et de ses travaux.

Tel était le programme ministériel ; M. J. Guyot le suivit scrupuleusement, dans les soixante-dix départements qu'il parcourut et étudia, de 1861 à la fin de 1867, époque à laquelle il fut obligé de suspendre ses études pour cause de mauvais état de sa santé. Ses remarquables rapports au Ministre de l'Agriculture sont des œuvres très-sérieuses qu'on sera heureux, pendant bien longtemps, de pouvoir consulter.

Nous ne ferons pas la description du paillassonnage qui fait en quelque sorte partie du procédé de culture du docteur Guyot; la latitude de la Gironde nous exempte heureusement de pareils travaux,

10

qui ne nous dédommageraient pas des frais qu'ils occasionneraient. Il faut considérer que, chez nous, les crûs classés qui pourraient en supporter la dépense, si peu qu'elle augmentât le rendement, sont généralement peu sujets à la gelée. Nous ne parlerons en conséquence que du système de taille connu, en France, sous le nom de taille Guyot.

Cette taille repose sur des principes rationnels. Elle permet d'obtenir, avec des vignes plantées sur des terrains de fertilité moyenne, une fructification relativement abondante, à condition que le sol soit maintenu, au moyen d'amendements, en bon état de culture. Elle est très-simple, très-facile à appliquer pour peu qu'on l'étudie. Nous la décrirons telle qu'elle est expliquée par le docteur Guyot lui-même dans ses nombreux écrits.

L'espacement le plus convenable à observer entre chaque cep est de un mètre dans tous les sens ; toutefois, cette distance peut être diminuée aussi bien qu'augmentée.

Toutes les souches, ainsi que tous les échalas, doivent être aussi en ligne que possible pour la facilité des labours ; nous n'insistons pas sur ce détail, persuadé que nos lecteurs en connaissent toute l'importance.

Chaque souche doit être traitée, dans son jeune âge, ainsi que nous l'avons expliqué au chapitre des principes généraux de la taille, page 20 ; vers l'âge de trois ans, on taille les ceps sur un sarment unique, comme pour préparer les vignes à l'anquage, ne laissant que trois yeux, en observant que l'œil supérieur ne dépasse pas 0^{m}25 du niveau moyen du sol.

Cette opération faite, on met au pied de chaque cep un échalas de 1^{m}50 de longueur environ. Cet échalas est utile pour attacher le cep et le maintenir bien en ligne du rang ; il sert aussi à supporter les sarments qui se développeront sur lui et qu'il faudra palisser soigneusement.

L'année suivante, la vigne doit être installée comme le représente la figure 81 ; chaque cep porte un petit côt ou branche à bois a, de deux boutons et une branche à fruit b, c, d'une dizaine de boutons. La branche à fruit est attachée horizontalement à un fil de fer B, placé à 0^{m}30 environ du niveau du sol ; un autre fil de fer A, placé à 0^{m}40 au-dessus du précédent, est destiné à palisser les bourgeons et les sar-

ments. Les fils de fer sont soutenus par des échalas *d, d, d,* de 1ᵐ30 à
1ᵐ50 de hauteur, placés au pied de chaque cep, et par de petits échalas *e, e,* mis entre chaque pied ; ces derniers ne sont pas indispensa-
bles, mais ils rendent l'installation plus solide et permettent de mettre
le fil de fer B, du calibre douze, tandis qu'il le faudrait autrement du calibre quinze, comme doit être le fil de fer A. On attache les fils de fer
aux grands échalas au moyen de pointes ou de conduits ; les petits
échalas *e, e,* sont simplement attachés, lors du palissage, au moyen
de liens d'osier.

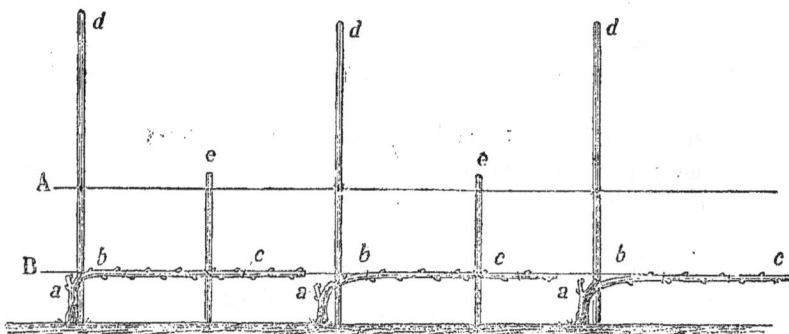

Fig. 81.

A la pousse, il faut épamprer avec soin tous les bourgeons qui se
développeraient sur le vieux bois, ainsi que ceux qui, placés sur la
branche à fruit, n'auraient pas de grappes. A mesure que les bourgeons de la branche à fruit atteignent au fil de fer A, on les y attache ;
on les pince, tous, à deux feuilles au-dessus de la grappe la plus élevée ou un peu plus haut si cela était nécessaire pour les palisser au
fil de fer. Les deux ou les trois sarments qui doivent pousser sur les
côts *a, a, a,* doivent être attachés avec soin aux échalas *d, d, d,* sans
aucun pincement ; ils peuvent être rognés au-dessus des échalas,
vers la fin de la végétation, alors que le développement des bourgeons
latéraux de ces sarments ne sera plus à redouter.

La longue branche à fruit exige un palissage horizontal, pour que la sève se distribue sans difficulté à chaque bourgeon. Il arrive fréquemment qu'au début de la pousse, des bourgeons restent en arrière, tandis que d'autres prennent un grand développement; un pincement suffit quelquefois pour régulariser la végétation; il est néanmoins important de suivre les vignes plusieurs fois, tant pour repincer les bourgeons qui, ayant été pincés déjà, repartiraient avec une vigueur trop forte, que pour pincer ceux qui, étant arriérés, n'auraient pu l'être à la première opération.

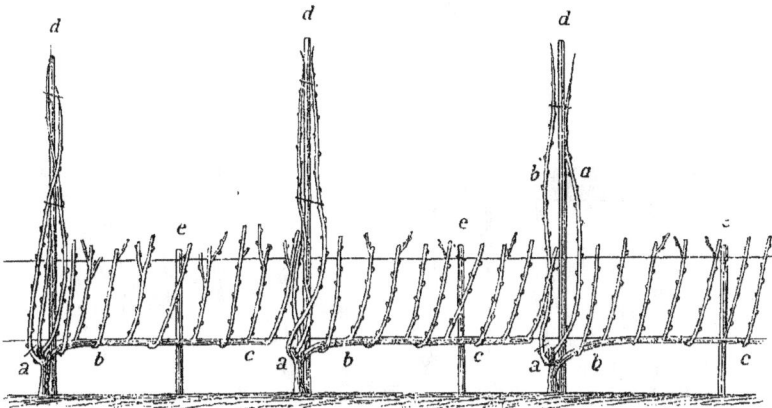

Fig. 82.

En procédant comme nous venons de l'expliquer, la vigne aura, à l'automne de la première année de son installation sur le fil de fer, l'aspect de la figure 82. La vigne prend sa forme complète à la première année de son anquage, c'est-à-dire quand on lui donne la branche à fruit horizontale en même temps que le côt ou branche à bois. Par conséquent, à partir de ce moment, toutes les tailles se ressemblent.

Prenons un cep adulte, après la chute des feuilles, figure 83; pour

le tailler, on doit supprimer la branche à fruit de l'année précédente
b, c, au trait *j,* et il ne reste plus sur le cep que les trois sarments *f, h,
g.* Le sarment *f* étant le plus bas doit être taillé pour branche à bois
de deux yeux au trait *i;* il faut ensuite supprimer le moins bien placé
des deux sarments *g* et *h;* quant à l'autre, on doit le tailler pour branche à fruit à un nombre d'yeux en rapport avec la vigueur du sujet.

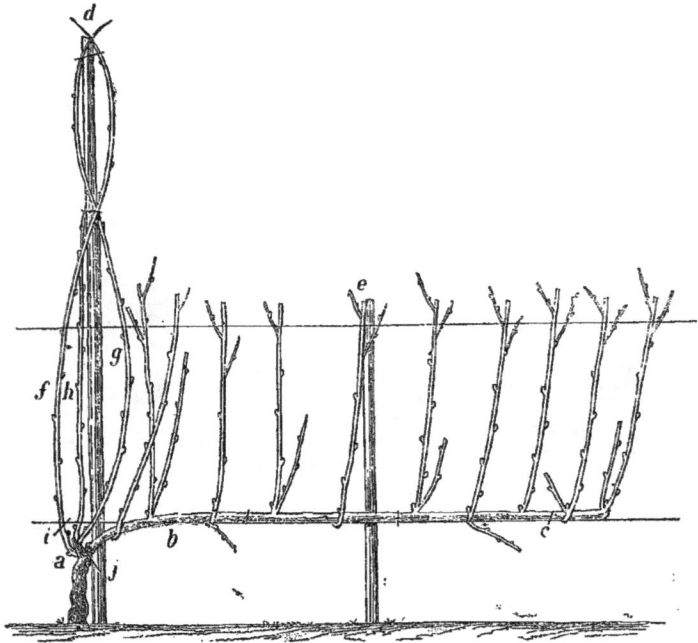

Fig. 83.

L'épamprage et le pincement des vignes adultes sont les mêmes
qu'à la première année de leur installation sur le fil de fer. Le pinçage
de tous les bourgeons de la branche à fruit a pour but de les empêcher
de prendre trop de développement au détriment de la branche à bois
destinée à fournir la taille de l'année suivante.

La hauteur pour le dressage des ceps que nous avons fixée à 0ᵐ25, selon les indications du docteur Guyot, pourrait être augmentée; nous sommes sûr que, dans certains endroits, principalement dans les sols humides, la vigne ne pourrait qu'y gagner; néanmoins, il ne faut pas perdre de vue que, quelque soin qu'on prenne à la taille, les ceps montent graduellement en vieillissant; c'est pourquoi il est bon d'en tenir compte, pour ne pas partir d'un point trop élevé. Que le pied soit haut ou bas, les principes de la taille sont les mêmes; si la vigne est plus haute, il faut que les échalas soient plus longs et plus forts; il y a donc intérêt à la tenir basse, si rien ne s'y oppose; le propriétaire qui connaît son terrain est apte plus que personne à fixer la meilleure hauteur de son installation.

Quand la taille devient trop haute, on laisse sur la souche, à un endroit convenable, une épampre qu'on taille, la première année, à un œil ; on pince les bourgeons qu'il produit à la hauteur du fil de fer supérieur; l'année suivante, on laisse la branche à bois sur ce sarment et la branche à fruit en haut, sur la branche à bois laissée l'année précédente; à la troisième taille, on rabat le haut du cep, ras de cette branche à bois qui doit être bien taillée, et la taille, à partir de ce moment, se trouve redescendue à la hauteur du premier établissement.

Cette taille, on le voit, a beaucoup d'analogie avec la taille de Saint-Macaire. Comme dans cette dernière, chaque cep porte une longue branche à fruit et un côt de deux yeux pour branche à bois. Voici la différence qui existe entre elles : dans la taille Guyot, la branche à fruit et la branche à bois sont placées sur une ramification unique; la première est couchée horizontalement, dans toute sa longueur, et la deuxième est placée à sa base; enfin tous les bourgeons venus sur la branche à fruit doivent être régulièrement pincés. Dans la taille de Saint-Macaire, l'extrémité de la branche à fruit est repliée en arc ou en tortillon; le cep est bifurqué à deux bras; la branche à fruit est établie sur l'un et le côt sur l'autre; de plus, le pincement n'est pas pratiqué.

On obtient avec le système de Saint-Macaire, sur les bons terrains, une production plus grande qu'avec le système Guyot et cela, parce que, dans le premier système, la charpente des ceps est plus développée, la branche à fruit plus longue et la végétation moins fatiguée par le pincement; mais sur les terrains de moyenne fertilité, le systême Guyot est préférable, tant à cause de son rendement qu'à cause de sa simplicité, le fruit est également mieux réparti et par conséquent mieux aéré.

La taille Guyot a aussi de l'analogie avec notre taille à cordons, la première année de son installation, puisqu'elle porte une longue branche à fruit couchée horizontalement. La différence est que la taille à cordon n'a pas de branche à bois; que le pincement n'y est fait que sur quelques bourgeons et pour régulariser la végétation, tandis que, dans la taille Guyot, tous les bourgeons de la branche à fruit doivent être pincés à deux feuilles au-dessus de la plus haute grappe, pour refouler l'excès de sève sur la branche à bois qui doit fournir la taille l'année suivante.

Le docteur Guyot a été un maître en viticulture et c'est presque avec appréhension que l'on se décide a faire la critique de son système de taille. Il nous sera cependant permis d'émettre quelques observations dont l'expérience nous a démontré la valeur.

Le docteur Guyot recommande de faire tomber du cep tout bourgeon ne portant pas de grappes; nous sommes d'avis, nous aussi, qu'il est très utile de nettoyer la souche de toutes les épampres qui se développent sur le vieux bois et de sacrifier quelques bourgeons à la base de la branche à fruit, s'ils n'ont pas de raisins; mais nous considérons comme un travail superflu et nuisible de supprimer, sur la branche à fruit, tous les bourgeons qui n'auraient pas de grappes. Cette opération serait longue, difficile et sans avantage réel. Un sarment n'épuise le cep que s'il porte des raisins; si, au contraire, il n'en porte pas, la sève que ses feuilles élaborent fortifie les racines, augmente la vigueur du sujet et le met en état de résister plus tard à une fructification abondante.

Le pincement, tel que le recommande le docteur Guyot, est peut-être aussi un peu trop sévère; nous reconnaissons son utilité pour maintenir l'équilibre sur toutes les parties de la charpente de l'arbuste; mais nous sommes opposé à une mutilation exagérée. En recommandant de pincer à deux feuilles, au-dessus de la grappe la plus élevée, on arrive peut-être à traiter convenablement une partie des ceps; mais ce traitement est exagéré pour un certain nombre d'autres. Par la même raison que nous sommes porté à ménager, sur la branche à fruit, les bourgeons non fructifères qui fortifient le pied plutôt qu'ils ne l'appauvrissent, nous trouverions plus rationel de ne faire de pincement sur la branche à fruit que pour équilibrer la sève sur tous les bourgeons qu'elle produit. On arriverait à ce résultat par le traitement recommandé pour le pincement des bourgeons venus sur les cordons la première année de leur installation (p. 66).

N'oublions pas que le nombre des boutons à laisser sur la branche à fruit doit être calculé sur la vigueur du sujet. Si nous avons un sujet vigoureux, nous pourrons exiger de lui beaucoup de récolte, sans craindre des produits échaudés; mais pour l'avoir vigoureux, il ne faut pas que nous mutilions les organes qui lui donnent la vigueur. Bien des gens se figurent qu'en pinçant à outrance on évite la coulure. Par expérience, nous l'avons déjà dit, nous sommes convaincu du contraire.

Le docteur Guyot compte sur le pincement de sa branche à fruit, pour obliger la sève à se porter en abondance sur la branche à bois, dont les bourgeons ne doivent pas être pincés. La branche à bois, par sa situation à la base de la branche à fruit, est toujours sûre d'avoir assez de sève pour nourrir convenablement les deux ou les trois sarments qu'elle doit porter. Nous préférons qu'elle ne nous donne que des sarments de grosseur très-ordinaire mieux disposés que les gros bois à la fructification; c'est pourquoi nous sommes d'avis qu'un pincement modéré de la branche à fruit est plus convenable que le pincement radical de tous les bourgeons.

Nous ne recommanderions pas la taille Guyot pour des terrains très riches, sur lesquels la taille des palus, celle de Saint-Macaire et la taille à cordons, seraient plus avantageuses; mais nous sommes convaincu que, bien appliquée, elle donnerait d'excellents résultats sur bien des vignobles de graves et de côtes où, comme nous l'avons déjà dit, la taille est généralement détestable.

CHAPITRE IX

—

DE LA TAILLE DES VIGNES EN CHAINTRES (1)

Il y a une quarantaine d'années, un nouveau mode de culture de la vigne appelé cultures par *chaintres*, fut introduit à Chissay, commune du Loir-et-Cher, sur la ligne de Tours à Vierzon.

L'élévation toujours croissante du prix de main-d'œuvre en fut la cause principale. Son inventeur, Denis Lussaudeau, ayant hérité d'une petite propriété, comprit que ce qu'il avait de mieux à faire était d'y planter de la vigne; mais au lieu de la planter à un mètre dans tous les sens, comme il était d'usage dans le pays, il espaça les rangs de douze mètres pour cultiver des céréales dans l'intervalle.

Plus tard, sa vigne devenant vigoureuse, il la tailla à longue verges, et il s'avisa, quand ses récoltes de céréales étaient enlevées, d'étendre ces verges dans l'entre-deux des rangs devenu libre.

Les magnifiques résultats qu'obtint maître Denis, lui valurent des imitateurs; sa taille s'étendit bientôt dans le pays avoisinant Chissay.

Voici comment le docteur Guyot s'exprimait au sujet de cette culture, dans une lettre insérée, le 20 novembre 1865, au *Journal d'Agriculture pratique*, sous ce titre : les *Vins d'Abondance :*

« .... j'ai rencontré des vignes types (2), mais moins parfaites,
» dans tous les départements de mes tournées de 1864, et dans tous

---

(1) D'après le docteur Jules Guyot, *chaintres* signifie chaines-trainantes.

(2) Le docteur Guyot désignait sous le nom de vignes-types, les vignes taillées à son système.

» ceux que j'ai visités en 1865 ; aujourd'hui le succès en est si bien éta-
» bli et si bien reconnu partout que je ne vous en parlerai plus. D'ail-
» leurs, nous avons bien d'autres prodiges viticoles, sans compter le sys-
» tème Cazenave. J'ai été mis en présence d'une culture inventée et pra-
» tiquée, depuis vingt ans, par des paysans vignerons de Chissay, dans
» Loir-et-Cher, près Montrichard ; ils appellent cela cultiver la vigne en
» *chaintres*, mot que je traduis en *chaînes-traînantes*. Jamais je n'ai
» rien vu de plus merveilleux, dans sa simplicité sauvage : figurez-
» vous chaque cep formé de trois ou quatre bras, longs de 4 à 6 mè-
» tres, traînant à terre, et chaque bras portant trois et quatre
» branches à fruit de 1m50 à 2 mètres, et jusqu'à 3 mètres de long
» chacune ; ces branches à fruit sont laissées de toute leur longueur sans
» taille ; la gelée seule se chargeant de faire tomber l'extrémité qui
» n'est pas aoûtée (mûre). Imaginez chacune de ces interminables
» branches à fruit garnies de magnifiques grappes d'un bout à l'autre
» sans interruption et sans nuance dans la perfection de la maturité,
» soulevées au-dessus de terre par de petites fourches de 25 centimè-
» tres pour que le raisin ne pourrisse pas ; mêlez, par la pensée, des
» sarments immenses de remplacement, courant entre ces guirlandes de
» fruits, et vous serez stupéfait comme moi. Mais quand vous appren-
» drez, comme je l'ai appris, qu'après la chute des feuilles ou avant la
» taille, tous ces longs bras sont relevés et renversés sur le champ
» voisin pour laisser toute liberté à la charrue de fonctionner sans
» embarras, puis remis en place, après le labour, vous admirerez la
» haute intelligence qui a deviné, malgré les pratiques traditionnelles
» opposées, que la vigne devait croître en liberté et acquérir sa force
» et son étendue d'arborescence, pour donner toujours beaucoup de
» bons fruits ; qu'elle devait toujours ramper sur la terre pour per-
» fectionner sa maturité. (Les vins de Chissay sont les plus estimés du
» Cher, ce sont des côts), et que ces deux conditions, à cause de l'é-
» lasticité des membres de la vigne, pouvaient se concilier avec la
» nécessité d'une culture parfaite, prompte et économique : vous
» admirerez aussi ces braves vignerons, qui ont compris qu'avec
» ces longues branches à fruit, ils échappaient en grande partie aux
» ravages des gelées printanières.
    » Je serais bien surpris que mon cher et savant confrère, le docteur
» Pigeaux, qui n'a pas craint de parcourir l'Inde et la Perse, pour en

» rapporter des graines, des arbres et même des vignes, n'allât pas
» contempler les vignes de Chissay, comme le plus beau spécimen et
» comme la plus belle démonstration qu'il ait jamais rencontrés de ses
» théories, peut-être un peu exagérées, mais certainement très-fon-
» dées sur la taille, ou plutôt sur la non-taille des arbres fruitiers. »

Le même personnage, dans son rapport à M. le Ministre de
l'Agriculture, sur la viticulture du nord-ouest de la France en date du
4 août 1867, s'exprimait ainsi :

« Les vignes en chaintres, ou à chaînes-traînantes, sont, je crois, le
» dernier mot de la philosophie de la végétation, de la fécondité et de
» la longévité de la vigne, dont elles offrent la plus haute expression,
» avec les treilles, dont elles atteignent les dimensions et dont elles
» ont les bras longs et multipliés; seulement, au lieu de porter des
» coursons comme les treilles à la Thomery, ce sont de longues et
» nombreuses verges qu'elles portent comme les treilles ou treil-
» lons de la Savoie et de l'Isère. En outre, au lieu de s'étaler
» contre des murailles ou d'être soutenues en l'air par des treillons
» dispendieux d'établissement et d'entretien, elles s'étalent librement
» sur la terre nue et nettoyée de toute herbe par les labours, hersages
» et roulages. C'est la terre qui leur sert d'espalier au lieu des murail-
» les, et qui leur réfléchit la chaleur, condition de perfection du fruit
» bien supérieure à l'isolement dans l'air, comme les treilles et treil-
» lons de la Savoie et de l'Isère, comme les treilles sur arbres et sur
» châssis des hautes et basses Pyrénées, d'Evian, de celles en Dordo-
» gne, et d'autres pays.

» Les vignes de Chissay et des environs prouvent de la façon la plus
» irréfutable une vérité que j'ai constatée depuis longtemps, à savoir
» qu'on peut obtenir, sous certaines conduites, autant et plus des fins
» cépages que des cépages grossiers à taille courte et restreinte : ainsi
» les *côts rouges* et *verts,* les *pineaux* noirs et blancs, les *cabernets* et
» les *sémillions,* les *braquets* du midi et les *rieslings* du nord, les
» *malvoisies* et les *muscats* se conduiraient à merveille à la taille en
» chaintre; il n'en serait pas de même avec les gros *gamays,* les *ara-*
» *mons,* et en général tous les gros cépages très-fertiles qui n'y réus-
» siraient pas. »

Dans ces pages d'ailleurs intéressantes, tout en donnant une idée de
la culture par chaintres, le docteur Guyot n'entre pas dans des détails

techniques qui seraient nécessaires et nous sommes convaincu qu'un viticulteur, après les avoir lues, serait embarrassé pour en venir à une installation raisonnable. Nous allons y suppléer, en mettant sous les yeux de nos lecteurs les observations que nous avons faites sur les lieux-mêmes.

Comme nous l'avons dit plus haut, Denis Lussaudeau intercallait des céréales dans ses vignes. On ne tarda pas à comprendre que la culture sans ce mélange était de beaucoup préférable, et on adopta la distance de six mètres d'un rang à l'autre, et celle de deux [mètres d'un cep à l'autre dans le rang. C'est donc une surface de douze mè- tres que chaque cep à l'âge adulte, c'est-à-dire vers sept ou huit ans, doit garnir complétement.

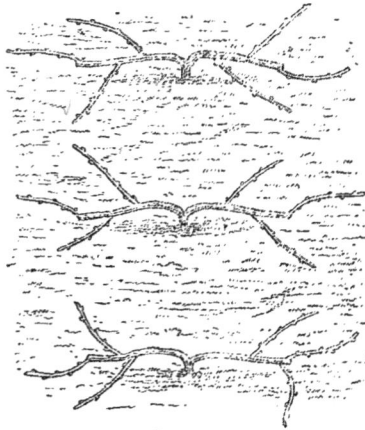

Fig. 84.

Le large intervalle de six mètres laissé entre les lignes et que nous appellerons planche, est façonné à la charrue; les labours se font à plat, mais à rangs passés, parce que, pour labourer une planche, il faut la débarrasser de tous les ceps qui la couvrent et que l'on retourne sur les planches voisines. Le labour exécuté, chaque cep est remis à sa place; la même opération est faite ensuite aux rangs non labourés. Après la dernière façon, les verges sont disposées le plus régulièrement possible, et la partie du sol dans la ligne des ceps, qui n'a pu être atteinte par la charrue, est façonnée à la bêche.

Il est aisé de comprendre, qu'appliquée avec intelligence, la taille par chaintres doit amener d'excellents résultats. Nous avons pu le constater. Elle donne abondamment, parce qu'elle est à longs bois dans toute l'acception du mot; elle fait de la qualité, parce que les raisins placés près de terre ont une maturité plus régulière et plus hâtive; elle est économique, parce qu'elle n'exige ni échalas ni fil de fer et diminue la main-d'œuvre. Ce sont les qualités essentielles en agriculture : produire beaucoup, bon et à bon marché.

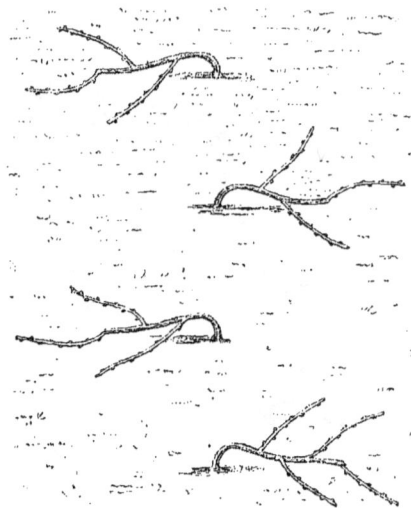

Fig. 85.

On peut le dire cependant, même dans son pays d'origine, la taille en chaintres est traitée à l'aventure. Certains vignerons bifurquent leurs ceps, dès leur sortie de terre, à deux bras qu'ils dirigent, l'un à droite, l'autre à gauche du rang (fig. 84); d'autres, pour mieux équilibrer la sève, dressent tous leurs ceps à un bras et les dirigent alternativement l'un à droite, l'autre à gauche du rang (fig. 85); d'autres enfin dressent les ceps à un bras et les étalent tous d'un même côté de la ligne du rang (fig. 86).

Les opinions sont également divisées sur la charge à laisser à chaque verge ; les uns sont d'avis qu'elle ne doit pas dépasser une longueur maximum de un mètre ; d'autres soutiennent, au contraire, qu'elles ne doivent pas être rognées, eussent-elles trois mètres de long. Nous pouvons affirmer avoir vu un nombre considérable de verges de plus de 2^{m}50 ; ce qui nous paraissait exorbitant, mais n'effrayait nullement les vignerons. S'ils ont un grand vide à garnir, ils laissent la verge de toute sa longueur, sans s'inquiéter de l'équilibre du cep ; ils la rognent au contraire si l'emplacement est limité.

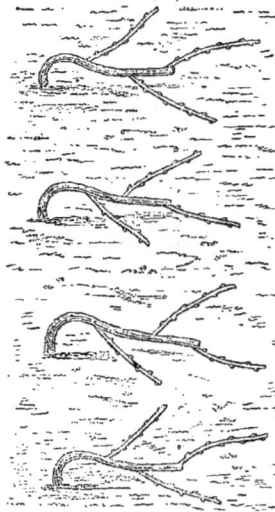

Fig. 86.

Depuis quelques années, la taille en chaintres est en voie de perfectionnement. La plupart des vignerons, ayant reconnu la difficulté de maintenir l'équilibre de la sève sur deux bras, dressent toutes les jeunes plantations sur un bras ; ils ont aussi compris que, pour détour-

ner les ceps sans accident, il était indispensable, qu'à leur sortie de
terre, ils formassent le cou de cygne et fussent dénudés sur une longueur de 0ᵐ75 à 1 mètre. Enfin, l'expérience leur a prouvé que la vigne doit être dressée aussitôt qu'elle présente des dispositions convenables dans ses sarments, et qu'il est utile de lui donner un tuteur
pour la soutenir pendant les premières années. Cette pratique est
excellente et devrait être universellement suivie; les avantages qu'on
en retirerait compenseraient bien un léger surcroît de dépense et de
travail.

A Chissay, on taille la vigne, les premières années, aussi ras que
possible du sol. C'est après la deuxième taille, faite sur deux yeux,
qu'on munit chaque cep d'un échalas sur lequel les deux ou les trois
sarments qu'il pousse sont palissés avec soin.

A la taille suivante, qui est la troisième après la plantation, on ne
laisse à chaque cep que les arment le plus droit et le mieux placé qu'on
coupe, suivant la vigueur du sujet, de 1ᵐ50 à 2 mètres de longueur.
On supprime à ce sarment tous les yeux, à partir de terre jusqu'à
0ᵐ90 ou 1 mètre de hauteur, et on enlève à l'ébourgeonnage les pousses
qui s'y sont développées. Si la vigne est sujette aux gelées printanières,
on laisse le sarment attaché verticalement à l'échalas, jusqu'à ce
qu'elles ne soient plus à craindre; mais à cette époque, on enlève l'é-
chalas et on laisse appuyer l'extrémité du sarment sur la terre, en observant qu'il forme à sa base en A le cou de cygne, comme on le voit
par la figure 87. Si cette forme n'est pas prise naturellement par le
cep, on lui met au pied un petit carrasson de 0ᵐ50 de hauteur pour
l'obliger à former la courbe.

Fig. 87.

Le cou de cygne est peu en usage à Chissay, mais nous l'avons vu
appliqué en grand, sur un vignoble de la commune d'Angé, où nous

avons pu constater ses grands avantages pour assurer aux ceps la souplesse nécessaire aux déplacements fréquents.

Il ne faut pas perdre de vue qu'il est indispensable que la charpente qu'on adopte se prête au déplacement; car à chaque façon de labour, tout l'ensemble de chaque pied de vigne doit être détourné en entier sur la planche voisine pour être remis en place après la façon. Le détournement de ces ceps gigantesques peut paraître difficile à celui qui ne l'a pas vu faire; dans la pratique, cette opération est on ne peut plus aisée.

Fig. 88.

Les jeunes ceps, taillés comme nous venons de le dire, ont, vers la fin de juillet, l'aspect de la figure 88. C'est à cette époque et après la dernière façon de charrue, que les ceps étant remis en place, sont relevés sur des fourchines pour que les fruits ne soient pas en contact avec la terre. Ces fourchines ont une longueur moyenne de 0m45, et sont formées soit avec des branches naturellement bifurquées à leur extrémité (A fig. 89), soit avec des bois quelconques auxquels on fait, au moyen d'une gouge, une échancrure au sommet (B fig. 89).

La figure 90 nous montre un cep à l'automne de la quatrière pousse, au moment de la taille. Il pourra supporter trois verges de 0m60 à 0m80 de long, suivant la vigueur du sujet; elles seront formées par les sarments a, b et c; tous les autres sarments seront coupés ras de la tige, et l'extrémité du cep sera supprimée au trait *d*. La figure 91 nous représente ce même cep après la taille, avec ses trois verges *a, b, c,* étalées sur le sol.

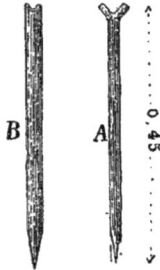

Fig. 89.

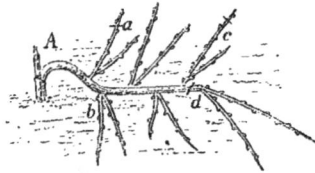

Fig. 90.

Chacune de ces verges poussera de huit à douze sarments comme on le voit par la figure 92. Au printemps, on abat tous les bourgeons venus sur le vieux bois, principalement à la base du cep jusqu'à la

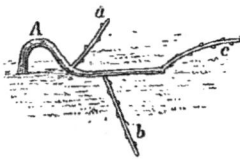

Fig. 91.

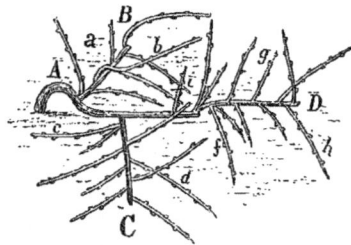

Fig. 92.

première ramification ; on réserve seulement les bourgeons qui se trouvent bien placés pour l'établissement d'une verge, comme en *i* (fig. 92).

11

Cette figure 92 représente un cep après la cinquième pousse au moment de la taille. A cette opération, la ramification B de l'année précédente est bifurquée et porte deux nouvelles verges sur les sarments *a* et *b;* la ramification C est également bifurquée et taillée à deux verges avec les sarments *c, d;* enfin, la ramification D a trois verges sur les sarments *f, g, h.* On laisse en *i* un côt de deux yeux appelé *poussier* dans le pays des chaintres.

La figure 93 nous représente un cep après la cinquième taille, telle que nous venons de l'expliquer, portant sept verges *a, b, c, d, f, g, h* et un poussier *i.* Le pointillé de la même figure représente le nombre et la place des verges qu'on laissera sur ce cep, l'année suivante, s'il a une vigueur convenable. A compter de la sixième taille, les pieds atteignent toute la largeur de l'espace qui leur est consacré ; vers huit ou neuf ans seulement ils en atteignent toute la longueur.

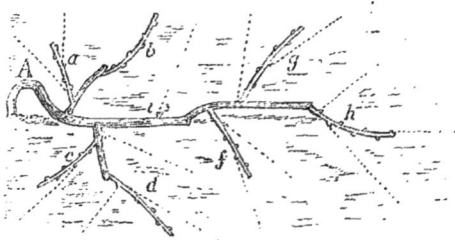

Fig. 93.

Le praticien exercé comprendra que la forme que nous venons de décrire est facile à exécuter et à maintenir ; c'est une de celles qui nous ont paru les plus correctes et les mieux disposées pour garnir le terrain.

Nous avons remarqué, chez M. Arthur Johnston, dans son domaine de Mesnes, une forme qui nous a également plu par sa simplicité et que nous ne pouvons que recommander ; nous la représentons par notre figure 94. La tige principale qui forme cordon porte sur toute sa longueur des bras composés ordinairement d'une verge *b*, de dix à douze boutons ; d'un poussier *n*, de trois à six boutons, quelquefois d'un côt *o* de un à deux yeux ; ces bras sont disposés à droite et à gauche de la tige, à la distance du même côté de 0^m60 environ les uns des autres. La tige compte quatre années de formation; première année de 1 à 2, portant trois bras; deuxième année, de 2 à 3, portant trois bras; troisième année, de 3 à 4, portant trois bras, et enfin quatrième année, de 4 à 5, prolongement de la tige. Les rangs de vigne étant à quatre mètres dans cette plantation, la cinquième année la charpente est entièrement formée; le pointillé *e* indique l'endroit où seront laissés les trois bras qui la complèteront.

La description que nous venons de faire et les dessins qui l'accompagnent ont été pris sur des vignes dont les formes nous paraissaient les meilleures. En réunissant les bonnes choses que nous avons glanées un peu partout, nous avons voulu mettre nos lecteurs, qui voudraient essayer de cette taille, en mesure de le faire dans d'excellentes conditions.

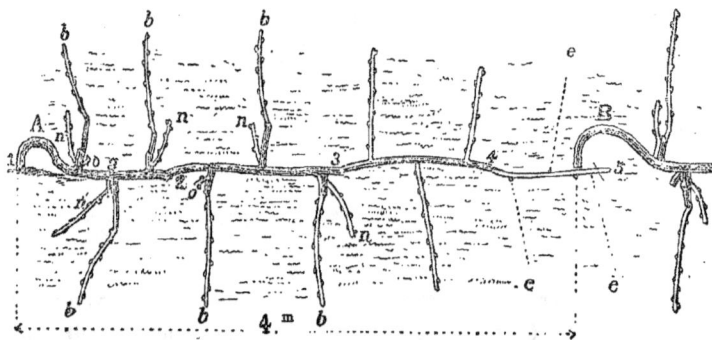

Fig. 94.

Comme toutes les inventions humaines la culture par chaintre peut évidemment être perfectionnée. Nous allons exposer nos idées à ce sujet.

Par expérience, nous somme persuadé qu'on doit rechercher, dans la culture de la vigne, les formes les plus simples et les plus faciles à dresser. C'est cette idée qui nous a amené à mettre avec symétrie, sur un cordon unique, les bras de la taille des palus. C'est cette idée aussi qui, pour la taille des chaintres, nous a porté à donner la préférence à la forme à un bras mise en pratique chez M. Arthur Johnston (fig. 94).

Afin de tirer tout le parti possible de la taille par chaintres, il faut que la charpente des ceps soit soumise à une forme calculée à l'avance pour qu'ils garnissent tout le sol qui leur est destiné, et que les verges qu'ils doivent porter aient leur fruit étalé sans trop de confusion, ni trop de vide.

La figure 95 donne l'aspect de notre idéal ; on le voit, c'est l'application par terre de notre cordon unilatéral, avec quelques modifications dans la taille et l'espacement des bras.

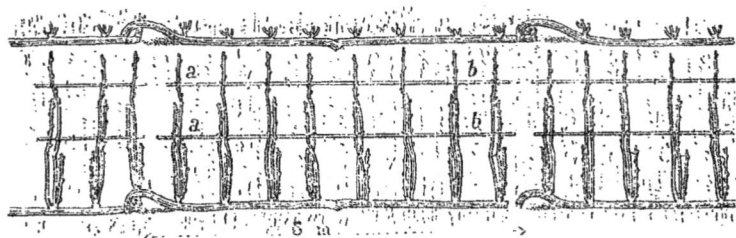

FIG. 95.

Comme pour les chaintres, la vigne doit être maintenue ras de terre ; lorsqu'elle est d'âge à être établie, on la taille sur un sarment unique rogné aux quatre cinquièmes de sa longueur qu'on éborgnera et ébourgeonnera en temps opportun, depuis le collet des racines jusqu'à la hauteur de 0^m80 à 1 mètre ; il faudra éborgner également tous les yeux opposés au côté où les bras devront être laissés ; il serait même utile de les éclaircir s'ils étaient trop épais, du côté où on les laisse, pour les forcer à pousser d'une manière régulière. Le palissage de cette tige au moyen d'une latte serait très-utile pour obtenir des cordons aussi droits que possible; il faudra également veiller à ce que le cep, au départ, forme bien le cou de cygne.

La première année de l'installation, on suivra les vignes pour pincer les bourgeons trop vigoureux et veiller à l'uniformité de la pousse; nous renvoyons le lecteur inexpérimenté à ce que nous avons dit pour le traitement du cordon de première année (page 65); nous observerons toutefois que le bourgeon de l'extrémité de la verge le mieux disposé pour prolonger le cordon ne devra pas être pincé.

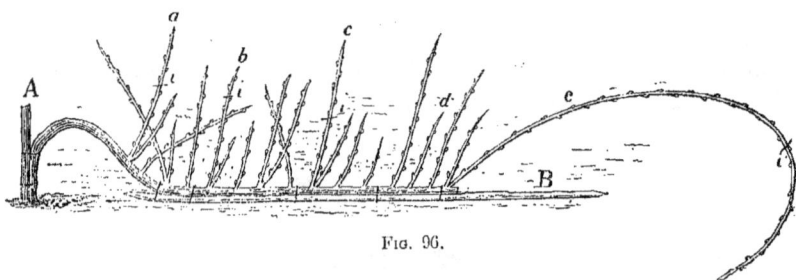

Fig. 96.

A l'automne, le cep aura l'aspect de la figure 96; le cou de cygne sera bien maintenu par le petit carrasson A; la tige sera bien droite, à cause de son palissage sur la latte B; enfin, par suite du pincement, la sortie de tous les bourgeons aura lieu régulièrement comme sur nos jeunes cordons et le prolongement ne manquera pas de se développer.

Pour tailler ce cep, les sarments *a*, *b*, *c* seront rognés en *i;* le sarment *d* sera laissé de toute sa longueur; le prolongement *e*, rogné en *i*, tout le reste devra être supprimé. Après la taille et le palissage, le cep aura l'aspect de la figure 97, qui, on le voit, est muni de quatre verges, de neuf à dix boutons, et d'une verge de prolongement de 1m50 environ.

Le petit carrasson A ne sera supprimé que lorsque le cou de cygne ne risquera plus à se déformer. La tige ou cordon C sera maintenu droit par le palissage sur la latte B; on veillera surtout à le bien dresser à la base de la verge prolongée en D,

L'année suivante, trois nouvelles verges seront installées au pointillé *e*, *f*, *g;* le prolongement *h* sera poussé jusqu'à la rège voisine ;
on aura soin de le palisser comme nous le recommandons pour la
figure 97. La taille des verges *a*, *b*, *c*, *d*, devra être faite sur un sarment venu à leur base, avec un nombre de boutons qui ne devra pas
dépasser la charge des verges laissées en *e*, *f*, *g;* l'ensemble de la
charge devra être proportionnée à la vigueur du sujet.

L'année qui suivra, le cordon devra être complètement formé et
porter le nombre de verges en rapport avec sa longueur.

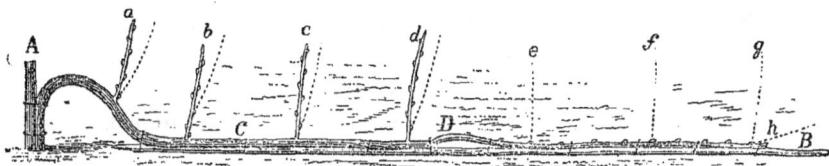

Fig. 97.

Jusqu'à ce que le cordon soit garni de verges dans toute sa longueur, il faudra pincer, ras de la dernière grappe, les bourgeons
les plus vigoureux des verges établies; il faudra également régulariser la pousse de la verge de prolongement, en opérant comme nous
l'avons expliqué, pour la première année de l'installation. Il ne faudra
pas oublier non plus d'éborgner tous les yeux du prolongement du
côté qui ne doit pas porter de verges.

L'année qui suivra l'installation complète de toutes les verges sur
le cordon, la végétation pourra être livrée à elle-même, sans pincement, à moins que des divergences trop fortes de vigueur ne se ma-
nifestent, ce qui arrivera très-rarement, nous en sommes convaincu;
il y aurait lieu, dans ce cas, de pincer un certain nombre des bourgeons placés sur les verges trop vigoureuses.

Nous croyons que le meilleur espacement à donner aux cordons
chaintres est de 4 à 5 mètres d'un rang à l'autre et de 2m50 d'un
pied à l'autre dans le rang, pour les bons terrains; pour les terrains plus faibles, la distance dans le rang pourrait être ramenée à
2 mètres.

Nous ne croyons pas qu'il y ait avantage à exagérer l'espacement des ceps. Nous avons vu, dans le pays des chaintres, la majeure partie des plantations à la distance de 6 mètres; sur beaucoup, la vigne a bien de la peine à garnir cet espace; nous pouvons ajouter que, sur bien des points, il y a des vides qui ne se garniront jamais, parce qu'à l'âge de huit ou dix ans la vigne a fait tout son effet; elle se maintient, mais le vigneron est absolument maître de sa végétation.

La distance des bras sur le cordon chaintres, doit être de 0^{m}50 à 0^{m}60, soit sept à huit bras sur la longueur de 4 mètres.

Chaque bras complètement formé comme ceux de la figure 95 doit porter trois verges. La distance entre les chaintres étant de 2 mètres ou de 2^{m}50, selon la plantation, chaque verge aura par conséquent une longueur moyenne de 0^{m}60 à 0^{m}70; soit environ de douze à quinze boutons très-fructifères par verge. Si on réfléchit que chaque cep porte de sept à huit bras de trois verges, on peut comprendre l'énorme production à laquelle on peut arriver avec ce système.

La taille des bras devra être faite de manière à ce que les trois verges garnissent bien sans confusion tout l'intervalle d'une chaintre a l'autre ou plutôt d'un cordon à l'autre; comme les bras 3 et 4 de la figure 98. Le bras 1 de cette même figure est à sa première année d'établissement; les sarments qui viendront sur les boutons *a* et *b* formeront les deux verges du bras 2, de deux ans de formation; les sarments qui viendront sur les yeux *a, b, c* de ce bras, serviront pour tailler les trois verges du bras 3; enfin, l'année suivante, la tige portant la verge la plus élevée sera amputée à la première bifurcation; un sarment pris à la base du bras fournira la verge inférieure; le bouton *b* donnera un sarment pour former la verge du milieu; le bouton *c* fournira le sarment nécessaire pour la verge supérieure. Cette taille est représentée par le bras 4. L'année suivante, la tige de ce bras portant la verge supérieure sera également amputée à sa base; un des sarments du haut de la verge du milieu formera la verge supérieure; un de ceux placés au sommet de la verge inférieure fera la verge du milieu; enfin le sarment le mieux placé à la base du bras, formera la verge du bas.

La difficulté, dans cette taille, sera d'obtenir le bois nécessaire pour former la verge inférieure; c'est pourquoi, lors de l'ébourgeonnement, il ne faudra pas négliger de laisser quelques bourgeons se développer à la base des bras, pour laisser un côt ou poussier de deux yeux, sur le mieux placé pour assurer ainsi la taille de cette verge. La taille des deux autres verges sera toujours facile; on doit les laisser l'une au

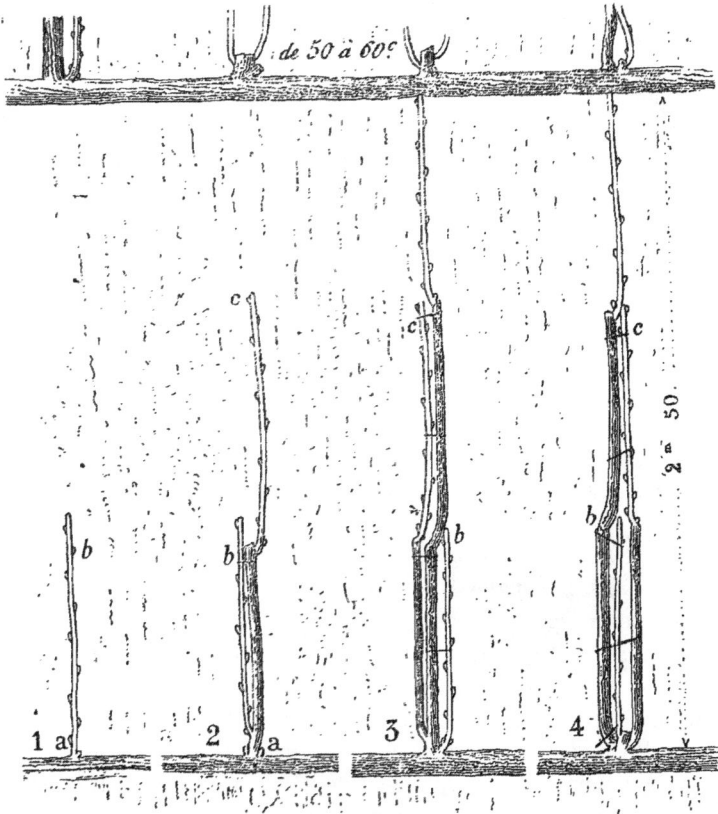

de 50 à 60°

Fig. 98.

sommet de la verge inférieure, l'autre au sommet de la verge du milieu, endroits où la sève se porte toujours de préférence et où l'on sera toujour sûr de trouver des sarments de choix. Tous les ans, comme on a dû le comprendre, la tige portant la verge supérieure devra être amputée aussi bas que possible, en ménageant les autres verges.

Nous croyons que la forme des chaintres que nous venons de décrire offre de grands avantages. Nous avons l'intention de l'essayer. Cette forme est régulière et mathématique et, par cela même, d'un établissement facile, si on suit les règles que nous avons établies. Les verges couvrent d'une manière parfaite, sans vide ni confusion, tout l'espace que doit garnir chaque cep.

La taille en cordons chaintres doit avoir un autre avantage que nous entrevoyons, celui de permettre, au moyen des lattes *a, b,* de palisser toutes les verges. La figure 95 en donne une idée.

Le palissage, que nous recommandons, est, il est vrai, une augmentation de travail et de frais; nous ferons remarquer que ce palissage se fera en hiver, époque à laquelle la main-d'œuvre est moins rare; nous ferons remarquer également qu'avec les ceps palissés comme nous l'indiquons, le travail d'été deviendra plus facile, car leur déplacement et la remise en place à chaque labour seront bien plus rapides; ainsi attaché et ne formant qu'un tout, un cep sera facilement porté sans dégradation par deux personnes exercées.

Le travail le plus long et le plus difficile des chaintres est de remettre après chaque labour, chaque cep et chaque verge à sa place; il faut de l'attention, ce qu'on ne peut obtenir avec des ouvriers insouciants. Avec les bras palissés, le travail se ferait beaucoup plus vite et chaque verge serait toujours à sa place. De plus, les grands vents des orages roulent quelquefois les verges et occasionnent un grand travail pour les replacer sur les fourchines; ce qui ne serait pas à redouter avec les verges palissées. D'un autre côté, avec les chaintres palissées, la quantité de fourchines nécessaires sera bien moindre.

L'ébourgeonnage est une opération qu'il ne faut pas négliger sur les vignes en chaintres; on doit faire tomber tous les bourgeons qui viennent sur la souche jusqu'à la première ramification. A partir de cet endroit, il est des bourgeons gourmands qu'il serait avantageux de supprimer, mais il est impossible de les désigner clairement. Si celui qui ébourgeonne connaît la taille, il pourra supprimer sur le vieux bois tout bourgeon inutile pour la taille suivante.

Sur les vignes cordon chaintres (fig. 95), on pourra, sans inconvé-

nient, supprimer tous les bourgeons qui se développent sur le bois
ayant plus d'un an ; il faudra seulement réserver, à la base des bras,
les pampres bien placées pour établir les poussiers dont il a été
parlé plus haut, qui doivent servir de base aux verges inférieures.

Le pincement n'est pas pratiqué à Chissay; cette opération serait
utile sur les bourgeons vigoureux de l'extrémité des verges arrivées à
leur dernière limite comme *b, b, b* (fig. 94). Sur les cordons chaintres, il faudrait pincer tous les bourgeons vigoureux des verges supérieures de chaque bras; ces sarments sont inutiles à la taille suivante,
puisque ces verges doivent être supprimées ainsi que les tiges qui les
supportent; de plus, ces sarments, s'ils venaient vigoureux, nuiraient
à la chaintre voisine en s'y enchevêtrant.

Cette opération doit se faire vers la fin de mai, avant la floraison,
lorsque les grappes sont bien formées; on pince les bourgeons dési-
gnés, ras de la dernière grappe, pour éviter qu'ils ne repartent avec
vigueur; ce qui ne les empêche pas de nourrir parfaitement le raisin.

Il est reconnu que l'oïdium ne porte aucun tort aux vignes en
chaintres, nous ne chercherons pas à expliquer le phénomène, nous
bornant à signaler et à affirmer le fait.

Dans les localités sujettes aux gelées printanières, le système à cordons chaintres aurait un autre avantage. En installant à chaque rang
de vigne un fil de fer à 2 mètres de hauteur, supporté par de forts
piquets, on pourrait y suspendre les bras, la taille et le palissage une
fois faits; dans cette situation les verges souffriraient moins de la
gelée et les façons de printemps se feraient sans obstacles.

Il serait facile d'essayer de la taille en chaintres sur des vieilles
vignes, sans perte de récolte, en les y préparant une ou deux années
à l'avance. Pour cela, il faudrait à l'épamprage du printemps laisser
à chaque souche, aussi près que possible du collet des racines, une
épampre bien placée qu'on palisserait de manière à favoriser sa végétation. Ce sarment serait taillé seulement à deux yeux, si sa vigueur
ou sa soudure avec le vieux cep laissaient à désirer; s'il était vigoureux, on le taillerait de 1^{m}50 et on le traiterait comme pour dresser
de jeunes chaintres. Les vieux ceps seraient conservés cette première
année, mais pincés assez sévèrement pour obliger la sève à se porter
sur le sarment de la chaintre. Ces vieux ceps serviraient de tuteurs
pour maintenir la forme en cou de cygne; ils seraient supprimés à la

seconde ou à la troisième année. Avec la précaution de déchausser les pieds, pour obtenir des épampres au-dessous du niveau du sol; les chaintres sur vieux ceps auraient l'aspect de jeunes vignes.

Nous ne recommanderions pas cette taille des chaintres pour des terres fortes très-gourmandes à l'herbe, comme la plupart des palus; mais nous sommes convaincu que, pour beaucoup de terrains, elle serait avantageuse et économique. Il n'en coûte pas beaucoup d'essayer quelques rangs comme expérience. Aux incrédules qui supposeraient que les chaintres n'existent que dans notre imagination, nous dirons : faites comme nous; allez à Montrichard sur la ligne de Tours à Vierzon; visitez non-seulement Chissay, mais tous les environs, les coteaux de la rive droite comme ceux de la rive gauche du Cher où presque partout aujourd'hui on plante des vignes pour les conduire en chaintres.

CHAPITRE X

—

DE LA TAILLE DES TREILLES

Nous n'avons pas à expliquer ce que c'est qu'une treille. Tous nos lecteurs savent que l'on désigne sous ce nom, soit les vignes en espalier adossées aux murailles, soit les tonnelles destinées à donner tout à la fois des raisins et des ombrages. Les treilles sont nombreuses dans la Gironde, mais elles devraient l'être davantage ; à la campagne surtout , il y a peu de maisons qui ne puissent se procurer cette source d'agrément et de bénéfices.

Malheureusement, parmi nous, aucune règle n'est suivie dans cette culture ; l'imagination la plus fantaisiste s'y donne une libre carrière, et la vigne mal conduite ne porte que rarement des produits satisfaisants. Nous n'avons donc à décrire ici, aucun système particulier à la Gironde ; ce chapitre se bornera à dire ce que l'on fait ailleurs et à indiquer ce qu'une longue expérience nous a conduit à apprécier et à appliquer.

Il n'y a en France aucune localité dont les treilles soient plus en renom que Thomery, près Paris. Nous allons exposer sommairement ce qui s'y pratique ; nous ferons ensuite quelques observations.

A Thomery, on cultive surtout le *chasselas doré* de Fontainebleau et le *frankental*. Les autres cépages étant peu demandés pour la consommation de Paris, on ne s'y attache pas.

Les propriétés de Thomery sont couvertes de murailles distancées de dix mètres environ les unes des autres et hautes de trois mètres.

Chacune d'elles est couronnée par un petit toit en tuiles plates, formant chaperon et faisant saillie de 0^m22 à 0^m25. C'est là que sont adossés les espaliers dont les produits font la fortune de cette localité.

L'espace compris entre les murs est occupé par des contre-espaliers qui sont appuyés à des treillages de bois ou de fil de fer sur lesquels la vigne est palissée ; ces contre-espaliers ne mesurent guère que de 1 mètre à 1^m20 de hauteur.

Quand il s'agit de planter de la vigne, on défonce le terrain à 1 mètre de profondeur sur 2^m50 de largeur. Autant que possible, on exécute ce travail en été, pour planter à l'automne. Parfois, cependant, on fait le défoncement avant l'hiver, pour planter au printemps.

Dans la plantation, on espace les ceps de 0^m40 entre eux, et on les éloigne du mur de 1 mètre ; dès que la longueur des sarments le permet, on les ramène ras du mur, au moyen d'un couchage sous terre et on procède ensuite à l'installation des cordons. Les cordons se font sur deux bras ; ils ont ordinairement entre eux un écartement de 0^m45, ce qui permet d'en appliquer cinq rangs sur chaque mur.

Les murs qui doivent recevoir les cordons sont garnis de fils de fer tendus horizontalement. Le premier est placé à 0^m40 du sol ; les autres sont distancés entre eux de 0^m22 environ. Les cordons sont supportés par les fils impairs à partir du bas 1, 3, 5, 7, 9 ; les fils intermédiaires servent pour palisser les bourgeons.

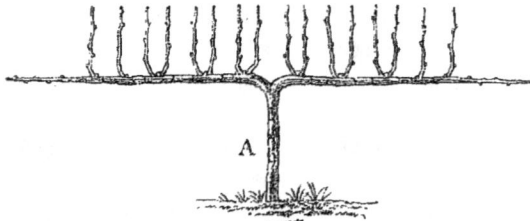

Fig. 99.

La figure 99 nous donne l'aspect d'un cordon à deux bras, en formation, établi sur le mur ; la tige A est plus ou moins longue, selon la hauteur à laquelle elle est établie. Les deux bras ont exactement la même longueur ; sans cette précaution, le bras le plus long absorberait la plus grande partie de la sève et anéantirait le bras le plus court. Les coursons que portent ces cordons sont placés à la partie supérieure et espacés régulièrement, à la distance de 0ᵐ20 environ les uns des autres.

Chaque cordon a deux mètres d'envergure, soit un mètre de chaque côté. Cette longueur n'est pas, on le comprend, rigoureusement obligatoire ; elle est doublée, sans inconvénient, si le terrain est bon et les cépages vigoureux, comme le *frankental* par exemple. Il ne faut pas cependant dépasser certaines limites dans la longueur totale des cordons, comme on le fait souvent; la sève agissant surtout aux extrémités, les coursons placés sur ces points seraient alors très-vigoureux, au détriment de ceux qui sont situés près de la bifurcation des deux bras. Il est donc préférable de multiplier les ceps pour concentrer l'action de la sève sur une moins grande étendue ; car il est prouvé que, dans ces conditions, les ceps donnent des grappes plus parfaites.

Le même cep ne doit pas porter plusieurs cordons superposés ; le cordon supérieur finirait par absorber toute la sève et celui du bas se dessécherait.

Nous avons dit que la distance la plus ordinaire entre les cordons est de 0ᵐ45. Comme cet espace doit être occupé par des bourgeons, il doit être suffisant pour qu'ils puissent prendre assez de développement, afin d'entretenir une vigueur suffisante dans la vigne, sans dépasser le cordon supérieur qu'ils ombrageraient. Pour les variétés très-vigoureuses, ou dans des sols très-fertiles, cette distance doit être augmentée de 0ᵐ10 et même de 0ᵐ15.

Quand on est bien fixé sur la position à donner aux cordons, on en trace la disposition sur le mur. On commence d'abord par indiquer la base de chaque tige, et, de ce point, on élève une verticale. Pour le premier cep, cette verticale s'arrête à la hauteur du premier fil de fer; pour le deuxième, au troisième fil ; pour le troisième, au cinquième fil, et ainsi de suite jusqu'au cinquième cordon qui doit atteindre le neuvième fil de fer. Arrivé là, on commence une autre série pareille à la première, et ainsi de suite jusqu'à l'extrémité du mur ; il ne reste plus alors qu'à tracer, au sommet de chaque verticale, le trajet que doivent suivre les cordons, à droite et à gauche, et à indiquer le point où doit s'arrêter

chacun d'eux; point facile à déterminer, puisque c'est le juste milieu
entre deux verticales de même hauteur.

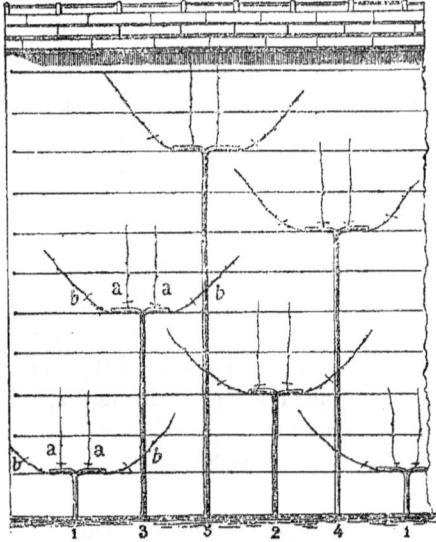

Fig. 100.

La disposition que nous venons de décrire est généralement adoptée
à Thoméry; elle présente un inconvénient grave que les cultivateurs
intelligents avaient remarqué. Pendant la formation des cordons, tout
un bras de chaque cep est ombragé par le cordon supérieur, tandis
que le bras opposé échappe en partie à cette influence. Il en résulte
une vigueur inégale entre les deux bras qui oblige à des soins de pincement, malgré lesquels on ne réussit pas toujours à maintenir l'équilibre. M. Charmeux, dont les treilles ont une réputation si méritée, a
imaginé une combinaison qui le met à l'abri de cet inconvénient. Chez
lui, le premier cep monte au premier étage des cordons; le deuxième
monte au troisième; le troisième monte au cinquième; le quatrième au
deuxième; le cinquième au quatrième et le sixième recommence la
série par le premier étage, etc., etc. (voir la fig. 100).

Le tracé de cette treille sur le mur se fait aussi facilement que pour la forme précédente. Avec cette disposition, non-seulement les cordons ne s'ombragent pas irrégulièrement pendant les premières années de leur formation, mais ils échappent à cette influence jusque vers l'âge de cinq ans environ et le but principal se trouve atteint.

Après le couchage des ceps ras du mur, on taille les sarments sortant de terre à deux yeux. A la pousse on obtient deux bourgeons, mais on ne conserve que le plus vigoureux et le mieux placé qu'on palisse à un petit tuteur.

Dès que ce bourgeon dépasse de quatre à cinq boutons, la hauteur à laquelle il doit être installé en cordon, on le pince, ras de l'œil placé à environ 1 ou 2 centimètres au-dessous du fil de fer. Ce pincement fait développer un rameau anticipé, qu'à Thomery on désigne sous le nom d'entre-cœur; on le supprime dès qu'il atteint 1 ou 2 centimètres pour obliger l'œil terminal de pousser. Cet œil se développe avec plus ou moins de vigueur; il aoûte bien son bois et il fournit à sa base, à droite comme à gauche, des yeux très rapprochés, bien disposés pour former les bras latéraux du cordon (voir fig. 101). Il n'est pas toujours possible de trouver un œil juste à la distance que nous indiquons; mais à l'automne suivant, on déchausse les ceps qui ne seraient pas à la hauteur voulue et on les enfonce ou on les relève un peu, ce qui est très-facile; car il n'y a jamais qu'un déplacement insignifiant à obtenir dans un sens ou dans l'autre.

Fig. 101.

Au printemps suivant, on taille le sarment ainsi préparé, au-dessus des yeux de la base, au trait *a;* s'il se développe plusieurs bourgeons, on fait choix des plus convenables, un de chaque côté, et on enlève à la serpette sans les déchirer ceux qui sont inutiles. Les deux rameaux réservés qui sont destinés à former les deux bras du cordon en forme de **T**, doivent être palissés obliquement, tant qu'ils sont encore herbacés; quand ils sont assez ligneux, on les incline doucement sur le fil de fer, auquel on les attache sans trop les serrer, tout en laissant leur extrémité relevée.

A la taille suivante, chaque bras est rogné sur trois yeux bien visibles, à partir de la tige, en observant que le dernier bouton laissé se

trouve à la partie inférieure du sarment; le bourgeon de prolongement ainsi disposé est préférable pour continuer le bras. Ce bourgeon
terminal et l'avant-dernier qui doit se trouver en dessus, sont seuls
laissés cette première année; tous les autres bourgeons se développant près de la tige sont soigneusement supprimés à l'ébourgeonnage.

L'année d'après, les jeunes ceps sont taillés aux traits indiqués à la
figure 100; les sarments *a, a,* placés sur le cordon, à deux yeux, pour
former des coursons, et les sarments de prolongement *b, b,* à trois ou
quatre boutons, en observant toujours que le dernier bouton soit à la
partie inférieure du sarment. On attache les prolongements horizontalement.

A la pousse, on ne laisse se développer, sur chacun des côts, que
deux bourgeons, et sur chaque bois de prolongement, le bourgeon terminal et deux bourgeons sur le dessus; tous les autres sont supprimés.

On opère dans la suite, comme nous venons de l'expliquer, en allon-
geant le cordon tous les ans, de chaque côté de la tige, de 0^m15 à 0^m20,
jusqu'à ce qu'ils rejoignent le cordon suivant. A mesure que les bras
s'allongent, on doit avoir soin de les laisser se garnir de petits côts de
deux yeux, distancés les uns des autres de 12 à 15 centimètres. Il n'est
pas toujours possible de laisser les côts où l'on veut; il faut faire en
sorte de se renfermer dans ces limites.

Les diverses opérations en usage à Thomery, pendant le cours de la
végétation sont : l'ébourgeonnage, l'évrillage, la suppression des
entre-cœurs, le pincement, le palissage, le repalissage, le cisèlement
et l'effeuillage.

L'*ébourgeonnage* a lieu quand les rameaux herbacés, c'est-à-dire les
bourgeons, ont 12 ou 15 centimètres de longueur; on abat avec les
doigts ceux qui paraissent trop faibles et ceux qui n'ont pas de fruits.
La suppression ne doit pas être trop générale et, quand même il n'y
aurait pas de fruits, il faut conserver un ou deux bourgeons sur chaque courson. Sur les branches de prolongement, on supprime les bourgeons faibles; on laisse un bourgeon vigoureux pour prolongement et
un ou deux, sur le dessus, pour former de nouveaux coursons.

L'*évrillage,* la *suppression des entre-cœurs* et le *pincement* se font
d'ordinaire une quinzaine de jours après l'ébourgeonnage. Ces opéra-

12

tions, ont pour objet d'enlever les vrilles (*b*, fig. 102), ras du bourgeon, ainsi que celles qui sont au talon de la grappe, de faire disparaître ou de pincer, à une feuille, les entre-cœurs (*a*, fig. 102) et de rogner les extrémités de tous les rameaux herbacés qui dépassent le cordon placé immédiatement au-dessus.

Le *palissage* se fait dix à douze jours plus tard. Il consiste à attacher séparément chaque bourgeon aux fils de fer, en les écartant, de manière à garnir le mur le mieux possible sans confusion ; le bourgeon terminal devant former le prolongement de chaque bras se palisse obliquement ; tous les autres bourgeons à peu près verticalement. Le *repalissage* est la même opération refaite sur des bourgeons arriérés qui n'atteignaient pas le fil de fer ; on les pince en même temps.

Fig. 102.

Le *cisèlement* a lieu quand les grains du raisin sont du volume d'un pois ; on enlève alors avec des ciseaux bien effilés, les petits grains des grappes qui ne sont pas trop serrées, quand les grappes sont serrées on enlève non-seulement les petits grains, mais encore un quart et quelquefois un tiers des gros. Cette suppression profite aux grains restant qui augmentent de volume et mûrissent plus vite. On ne se borne pas toujours à éclaircir les raisins ; sur les vignes jeunes, on coupe bien souvent 2 et 3 centimètres des grappes, si elles sont trop longues.

L'*effeuillage* se fait à diverses reprises. On enlève, à toute époque, les feuilles gênées, gênantes ou mal développées qu'on appelle, à Thomery, *feuilles frisées;* pendant le cisèlement, on supprime beaucoup de feuilles de l'intérieur et enfin, quand les raisins sont mûrs, on les découvre partiellement, en ayant soin de couper et non d'arracher le pétiole des feuilles. Si l'on découvrait les raisins trop brusquement, la chaleur solaire encore très-intense, pourrait, dans certains cas, les altérer et nuire à leur conservation. Vers les premiers jours d'octobre seulement, on enlève toutes les feuilles, afin de soumettre le fruit aux influences du soleil, de la rosée et du brouillard, qui contribuent à sa belle coloration.

La méthode des treilles de Thomery que nous venons de décrire est évidemment bonne; mais elle n'est pas d'une application très-facile ; elle demande pour le maintien de l'équilibre des ceps, une surveillance et une assiduité qu'il est rare d'obtenir des viticulteurs, surtout des viticulteurs gagés. Nous avons fait nous-même des treilles dans la Gironde et nous les avons soumises à une méthode dont nous avons pu suffisamment constater les excellents résultats pour la recommander à nos lecteurs.

Cette méthode est tout simplement le cordon unilatéral appliqué à la formation des treilles. Les figures 103, 104 et 105 copiées sur des espaliers que nous avons formés en donnent une idée. Toute la sève se portant sur un bras, nous n'avons pas à redouter, comme sur les cordons de Thomery, qu'une partie du cep se développe au détriment de l'autre, et, d'un autre côté, toute la surface du mur se trouve garnie avec une régularité parfaite.

La vigne ayant dans notre région plus de vigueur que dans les environs de Paris, nous conseillons de ménager entre les cordons un espacement de 0^{m}60 au lieu de 0^{m}45; quant à l'espacement entre les ceps, il dépend du nombre de cordons qu'on veut mettre sur un mur. Si la hauteur du mur ne permet d'y établir que trois cordons superposés, comme à la figure 103, il suffira que les ceps soient plantés à 1 mètre de distance. Si, comme à la figure 104, on peut y installer quatre cordons, l'espacement des ceps devra être de 0^{m}75. Enfin, si le mur est assez élevé pour y placer cinq étages, comme à la figure 105, l'espacement devra être de 0^{m}60. Nous devons observer que, sur des sols de même nature, l'espalier de la figure 105 épuisera plus promptement le terrain que l'espalier de la figure 103 et que, par conséquent, il faudra l'amender plus souvent.

La plantation usitée à Thomery nous paraît excellente et nous ne pouvons que la recommander. Nous ferons observer que les vignes des espaliers dont nous donnons les dessins aux figures 103, 104 et

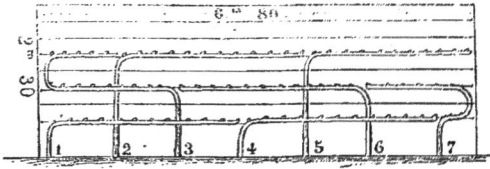

Fig. 103.

105, n'ont pas été plantées par nous; nous avons entrepris de les dresser, il y a six ans, lorsqu'elles avaient déjà trois ans d'âge; ce qui explique l'irrégularité de leur plantation dont il ne faut pas tenir compte. Les cordons sont aujourd'hui complètement formés; ils se maintiennent en parfait état et ils donnent, en quantité, des chasselas

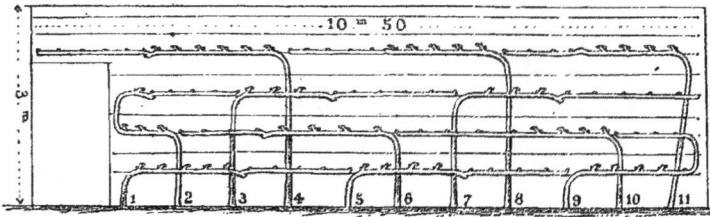

Fig. 104.

excellents. Les n°s 1 et 6 de la figure 105 ont un développement un peu exagéré; ils se maintiennent néanmoins dans d'excellentes conditions; ce qui prouve la latitude dont on jouit pour l'espacement des ceps. Nous avons dressé une certaine quantité de treilles avec ce système; nous en avons même garni des tonnelles; les trois modèles que nous donnons (fig. 103, 104 et 105) ont été pris avec intention sur des murs de diverses hauteurs, dans l'intérêt de la démonstration.

Dans nos installations, nos fils de fer ont un écartement du mur de 0ᵐ04 à 0ᵐ05 et nous dressons les tiges verticales des cordons entre le mur et les fils de fer. Comme on le pratique à Thomery, nous traçons sur le mur la disposition de nos cordons, ou nous en dressons un plan exact que nous avons sous les yeux pour le suivre scrupuleusement lors de la taille et du dressement.

Pour garnir un mur à trois rangs de cordons (fig. 103), le premier cep à gauche doit faire le cordon du bas et aller jusqu'au quatrième cep; le quatrième jusqu'au septième, et ainsi de suite, laissant tou-

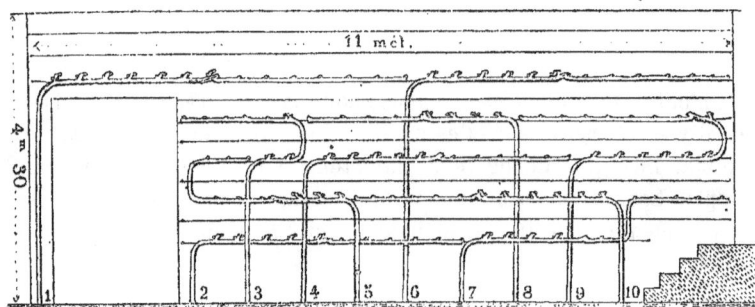

Fig. 105.

jours deux ceps entre ceux qu'on installe pour garnir les étages supérieurs. Le septième cep va jusqu'à l'extrémité de l'installation, monte à l'étage supérieur et revient à l'opposé du cordon inférieur, jusque vis-à-vis le sixième cep; celui-ci à son tour vient jusqu'au troisième; le troisième arrivé à l'extrémité du mur, remonte à l'étage supérieur, jusqu'au deuxième cep; le deuxième et le cinquième garnissent complètement l'espalier.

Si le mur exige quatre cordons superposés, les principes d'installation sont toujours les mêmes; la figure 104 nous montre un espalier formé dans ces conditions. Le cep n° 1 fait le cordon du bas, jusqu'au n° 5, laissant trois ceps intermédiaires pour garnir les trois étages supérieurs; le cep n° 9 arrive à l'extrémité du mur, il remonte au deuxième étage, jusque vis-à-vis le cep n° 10 qui prend la suite jusqu'au n° 6. La vue de la figure 104 en dit plus que tous nos raisonnements.

La figure 105 nous donne l'aspect d'un mur garni de cinq étages de cordons installés toujours suivant les mêmes principes. Une grande ouverture sur le côté gauche, ainsi qu'un escalier à son extrémité droite, ont rendu l'établissement des cordons plus difficile; mais on le voit, l'obstacle a été surmonté. On peut toujours arriver à garnir un mur, si irrégulier qu'il soit, par le procédé que nous préconisons.

Nous formons quelquefois les cordons en une seule année, le plus souvent en deux; les étages supérieurs ne sont quelquefois complétés qu'à la troisième année.

L'établissement des cordons-treilles se fait exactement selon les principes exposés à la page 65. Il faut les passer en les formant, entre le mur et le fil de fer; on les y maintient bien droits au moyen d'un petit tuteur jusqu'à la hauteur où ils doivent prendre l'horizontale; ce tuteur, placé à l'opposé de la courbe, facilite sa formation.

Dès que les cordons sont palissés, on doit faire l'éborgnage des yeux superflus; on enlève tous ceux qui sont à partir de la base du cep jusqu'à 0ᵐ25, au-delà de la courbe; à partir de ce point, on supprime tous ceux du dessous; si le cordon n'est pas terminé, on laisse en dessous le bourgeon devant former le prolongement pour l'avoir plus direct. Lorsqu'un sarment monte d'un étage pour y continuer le cordon, tous les yeux sur ce parcours doivent être supprimés; le premier œil de la partie supérieure ne doit pas être à moins de 0ᵐ25 de la courbe.

Les cordons doivent être garnis sur toutes leur longueur de côts ou coursons taillés à deux yeux; la distance d'un côt à l'autre, doit être de 0ᵐ15 à 0ᵐ20; c'est à la taille qui suit l'année de l'installation qu'on doit veiller avec le plus grand soin à établir les côts suivant cet écartement.

Chaque cep installé et garni de coursons, il n'y a plus qu'à opérer une taille régulière. Cette taille est toute élémentaire; on rogne à deux yeux le sarment le plus bas venu sur la taille de l'année précédente; si, cependant, ce bois était trop menu, ou s'il avait quelque vice de direction, on ferait la taille sur un sarment plus élevé.

Quand, par suite de l'accumulation des tailles, les coursons deviennent trop encourus, on réserve une épampre à leur base comme en A (fig. 106 ou un peu plus haut en B). Le sarment que cette épampre produit se taille, la première année, à un œil, en conservant le courson supérieur. A la pousse suivante, on favorise le développement du bourgeon de cet œil, en pinçant un peu plus sévèrement les deux yeux du courson principal c, c. L'année d'après le côt encouru est rabattu ras du petit côt sur lequel toute la taille du courson est établie.

Quand les bourgeons sont bien développés, on abat avec soin tous ceux qui sont venus sur le vieux bois, ne ménageant que ceux qui sont bien placés pour y asseoir un œil de retour, s'il était utile pour abaisser le courson.

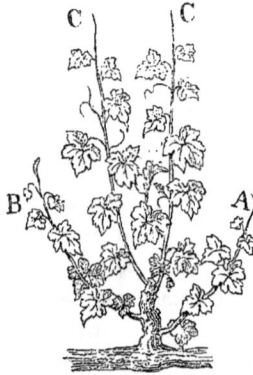

Fig. 106.

Il faut palisser les bourgeons, sans gêner les grappes, autant que possible, un à un. Tous les bourgeons, sauf ceux destinés à former des prolongements, doivent être pincés dès qu'ils atteignent le cordon du dessus ; c'est pourquoi on doit revoir les treilles de temps en temps, pour palisser et pincer les bourgeons dont le développement l'exigerait.

Les règles, pour former les contre-espaliers et les tonnelles, sont les mêmes que pour dresser les cordons le long des murs. Nous avons dit que le contre-espalier était adossé à un treillage en bois ou en fil de fer au lieu de l'être à un mur. Une tonnelle doit être considérée comme deux contre-espaliers écartés et se réunissant au sommet.

Nous ne pouvons clôturer les chapitres de la taille, sans parler des instruments qui servent à l'exécuter. Dans la Gironde, sauf dans une grande partie du Médoc, où l'usage de la serpe est presque général, on taille partout avec le sécateur.

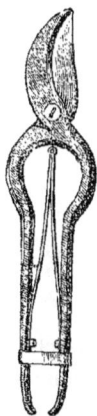 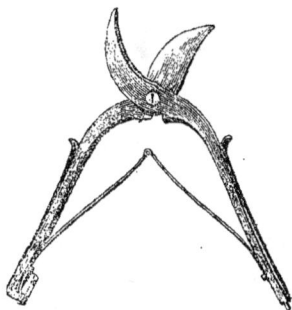 

Fig. 107.   Fig. 108.   Fig. 109.

Le travail soigneusement exécuté avec cet instrument est pour nous préférable à celui fait avec la serpe. La serpe est peut-être plus expéditive, mais avec elle, les ouvriers maltraitent plus la vigne qu'avec le sécateur.

Comme dans beaucoup de localités ces instruments laissent beaucoup à désirer, nous croyons être utile à nos lecteurs en leur recommandant tout particulièrement les excellents sécateurs de M. Cluchet, fabricant, rue des Remparts, 52, à Bordeaux. Nous en donnons les dessins par les figures 107, 108 et 109.

CHAPITRE XI

—

DES SEMIS ET DES MOYENS DE MULTIPLIER LES CÉPAGES RARES

Il y a eu de tout temps, parmi les arboriculteurs, des chercheurs passionnés, en quête de nouvelles variétés de fruits. Ces nouvelles variétés ne peuvent, on le sait, être obtenues que par des semis; on les a appliqués à la vigne.

Depuis l'apparition du phylloxéra, les semis qui, jusqu'ici, n'étaient presque qu'une affaire de curiosité, ont été préconisés comme notre unique planche de salut. Des savants prétendent que, seuls, ils seront efficaces pour nous débarrasser du terrible fléau. Il faut dire aussi que d'autres spécialistes, d'une autorité reconnue, opposent les dénégations les plus formelles à cette théorie. Notre opinion à cet égard n'est pas assez formée pour que nous nous prononcions en connaissance de cause; nous préférons, pour le moment, en laisser la responsabilité à d'autres plus autorisés que nous. D'un autre côté, certains viticulteurs, qui ont foi dans la résistance des vignes américaines n'osant en importer des plants de peur d'être accusés d'importer avec eux le phylloxéra, font des semis de ces cépages. Ces considérations diverses nous ont décidé à écrire ce chapitre.

Le succès des semis en général dépend : du *choix de la semence;* de *l'époque des semis;* de *la nature et de la préparation du sol ;* enfin *du mode d'ensemencement.*

Pour qu'une graine soit propre à germer, il faut que le fruit qui la renferme ait acquis tout son développement et soit parvenu à un degré convenable de maturité. Tous les raisins propres à faire du vin sont par conséquent dans les conditions convenables pour donner des graines mûres. Il y a seulement une observation à faire ici : c'est qu'il est essentiel que ces graines ne fermentent pas avec les moûts.

Les raisins destinés à donner la semence doivent être foulés à pieds d'hommes et non avec des machines qui pourraient écraser les pepins. Cette opération faite, on presse les résidus dans des sacs distincts pour empêcher le mélange des diverses variétés; ces sacs sont en toile assez serrée pour retenir les pepins, mais assez claire pour laisser échapper la matière qui peut y adhérer encore.

S'il ne s'agit que d'extraire une partie des semences, on émiette les résidus pressés dans les sacs et on les passe dans un tamis qui laisse échapper les graines. S'il s'agit au contraire d'extraire toute la semence, on fait sécher le tout pour rendre le triage plus facile.

Les pepins, étant bien nettoyés et bien secs, doivent être conservés à l'abri de toute humidité, jusque vers la fin de novembre, époque à laquelle on doit les mettre à stratifier.

La stratification consiste à préparer la semence à un commencement de germination, qui permet de reconnaître les graines fécondées qu'on doit seules employer. Pour stratifier avec succès, on mélange les pepins avec du sable bien fin, qui doit être plutôt sec qu'humide ; on en remplit des vases qu'on enterre jusqu'au niveau du sol; on surmonte ces vases d'un petit monticule de sable pour en écarter les eaux et mettre les semences à l'abri des fortes gelées; on peut, par surcroît de précaution, recouvrir le tout avec un peu de paille. Il y a des personnes qui font stratifier leurs semences dans des caves. La température y étant plus élevée qu'en plein air, la germination est souvent trop hâtive, ce qui oblige de semer trop tôt.

Vers le milieu d'avril on sonde les semences. Si la germination ne faisait pas mine de vouloir se produire, on enlèverait la paille et on abattrait un peu les monticules pour donner plus de prise aux rayons solaires; si au contraire elle marchait trop vite, on augmenterait la couche de paille.

L'époque la plus favorable pour faire les semis est le mois de mai, quand les gelées ne sont plus à craindre, et que la stratification est arrivée à un degré convenable. Il ne faut pas que la germination soit trop avancée; en changeant de milieu, le germe risquerait de s'altérer.

Le sol destiné à recevoir les semis doit, autant que possible, être de consistance et de fertilité au moins moyenne. Il faut le défoncer profondément avant l'hiver, l'amender au moyen d'engrais immédiatement assimilables et pratiquer des labours au moment de l'ensemencement, afin que la surface soit bien pulvérisée et bien perméable.

On peut semer la vigne à la volée sur des carreaux ou planches préparées à cet effet, s'il s'agit surtout de semis de grande importance. Nous préférons cependant le semis en ligne, qui permet de mieux régulariser la semence et de l'enfouir plus uniformément.

Dans les semis en ligne, il faut éviter de trop rapprocher les plants les uns des autres, si on veut obtenir une bonne végétation ; la distance de 0^m05 à 0^m06 dans le rang, avec un intervalle minimum de 0^m10 d'un rang à l'autre, est convenable. Le terrain doit être divisé en planches portant chacune de huit à dix sillons et séparées entre elles par de petites allées de service pour semer, sarcler, biner et arroser le plant si besoin était.

Le terrain étant prêt et les planches tracées, on ouvre, avec une binette, de petits sillons de la profondeur et à la distance voulues ; on procède au semis et on recouvre immédiatement les graines, soit avec la terre enlevée, si elle est bien friable, soit avec des terreaux préparés à cet effet, si le sol est trop compacte.

La profondeur à laquelle les semences doivent être placées dans la terre peut varier un peu selon la nature du sol. En terrain de consistance moyenne, elles doivent être recouvertes de 0^m006 à 0^m008 ; elles peuvent descendre jusqu'à 0^m01 dans les terrains très-sablonneux et chauds.

Les semences ne doivent être sorties du lieu où elles stratifient que peu à peu, et à mesure qu'on les sème. Il faut les trier, pour ne mettre en terre que celles dont la germination est assez avancée et les semer, une à une, à la distance réglementaire. Les graines non germées doivent être remises dans du sable un peu humide et placées en lieu chaud, afin de hâter leur germination. On sème à la volée sur des planches à part, celles dont la germination est trop tardive.

L'ensemencement ayant été fait comme nous venons de l'expliquer, il faut tasser légèrement le sol, pour que toutes les parties de la graine soient bien en contact avec la terre. Ce tassement est surtout utile pour les terrains sablonneux ; il peut être exécuté avec le dos d'une pelle ou avec une petite batte en bois. Après cette opération, on répand sur le sol une légère couche de paille hachée ou de fumier usé retiré des prairies, ce qui empêche la couche superficielle d'être trop vite desséchée par l'action solaire, ou d'être pilée par les pluies d'orage et les arrosements, ce qui la durcit. Dans la suite, il n'y a d'autres soins à prendre que d'empêcher l'envahissement des plantes nuisibles et d'arroser, après le coucher du soleil, quand le besoin s'en fait sentir.

Il est un autre mode de semis très-intéressant, appelé à rendre de très-grands services pour la multiplication, franche de pied, des cépages rares. Nous voulons parler des semis de boutons de vigne d'après le système Hudelot.

(Fig. 110.)

Pour semer avec ce système on découpe des nœuds de sarments comme l'indique la figure 110 (grandeur naturelle); on enlève à ces nœuds, avec une serpette, le quart environ du bois opposé à l'œil et on stratifie tous ces nœuds, comme nous l'avons expliqué pour la stratification des semences de vigne.

L'ensemencement de ces boutons se fait comme celui des pepins, avec cette différence qu'ils doivent être mis à la profondeur de huit centimètres environ, et que l'œil doit être tourné vers la surface du sol.

Ces semis de boutons bien soignés font ordinairement des pousses très-belles; c'est pourquoi il est bon de les écarter, en les mettant en place dans les rangs du double au moins de la distance laissée entre chaque pepin, soit de 0ᵐ10 à 0ᵐ12 et de 0ᵐ20 entre chaque sillon. La figure 111 donne l'aspect réduit au dixième d'un plant de ces semis à l'automne de la première année.

En faisant des semis de boutons en décembre ou janvier, dans des pots sous châssis, on peut les mettre en place vers la fin de mai ; on obtient, au moyen de ce procédé, une magnifique végétation dès la première année, si le terrain a été préalablement bien préparé; de plus, le plant

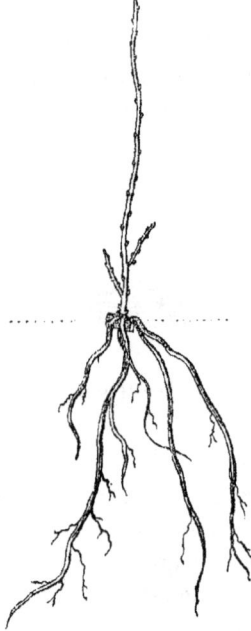

(Fig. 111.)

n'a pas à subir une nouvelle transplantation, ce qui, on le comprend, est très-avantageux.

CHAPITRE XII

—

DE LA GREFFE DE LA VIGNE

L'expérience a démontré que les bourgeons peuvent modifier la sève qui leur est fournie par des racines étrangères, de telle sorte que le fruit que produit le greffon n'a aucune analogie avec celui que produirait le sujet auquel il est appliqué; ce fruit est au contraire en tout conforme, comme goût, à celui que produit l'arbre sur lequel le greffon a été pris.

L'expérience a également démontré que la greffe amène une fécondité plus précoce, augmente la qualité des fruits et hâte l'époque de leur maturité. On attribue ces effets au désordre occasionné par elle dans la direction des vaisseaux séveux; la sève ascendante traversant plus difficilement cette partie de la tige, arrive plus lentement et en moins grande quantité aux bourgeons et son élaboration se complète mieux. Par les mêmes raisons, la fructification toujours difficile, sur les jeunes vignes très-vigoureuses est plus abondante sur des vignes greffées. Cet avantage est d'une grande importance pour connaître plus vite la qualité des fruits obtenus par des semis; un cep venu de graine est très-long à fructifier, tandis qu'en greffant un sarment de ce jeune cep sur un vieux pied, il se met immédiatement à fruit, ce qui permet de juger plus tôt du mérite de la nouvelle acquisition. Un autre avantage de la greffe, c'est que, par elle, on peut faire croître dans un sol des espèces qui y viendraient difficilement franches de pied; il suffit pour cela de les greffer sur des espèces s'accommodant de la nature de ce sol.

Aujourd'hui plus que jamais, la greffe devient précieuse pour sauver du désastre nos excellents cépages girondins qui, alliés à des cépages résistants, échapperont, il faut l'espérer, au phylloxéra.

Les méthodes de greffe sont très-nombreuses ; nous ne parlerons ici que de celles qui sont applicables à la vigne, savoir :

1° LES GREFFES SUR VIEILLES SOUCHES ;

2° LES GREFFES SUR JEUNES SUJETS ;

3° LES GREFFES PAR APPROCHE SUR SUJETS EN PLACE ;

4° LES GREFFES DITES COIN DU FEU SUR BOUTURES.

LES GREFFES SUR VIEILLES SOUCHES, comprennent :

1° *La greffe en fente ordinaire à un ou à deux greffons ;*

2° *La greffe en fente à greffon bouture à talon ;*

3° *La greffe à l'emporte-pièce, à greffon avec ou sans talon.*

La greffe en fente ordinaire, se pratique sur des vignes n'ayant pas la tige souterraine trop noueuse. Elle est la plus usuelle, et réussit presque toujours, si elle est faite avec quelque soin. Quand le sujet a un diamètre d'au moins trois centimètres, on peut placer un greffon de chaque côté de la fente, ce qui augmente la chance de réussite.

Pour faire cette greffe, on déchausse le cep d'environ 0^{m}25 ; on scie horizontalement la tête à environ 0^{m}10, au-dessous du niveau du sol et au-dessus d'un endroit où la tige est assez lisse ; on unit soigneusement avec un instrument bien tranchant la surface de l'amputation, et on pratique une fente verticale passant par le centre de la tige et descendant de 0^{m}05 à 0^{m}06 au-dessous de la coupe. Cette fente doit être faite au moyen d'une lame bien effilée et assez mince, qu'on balance à droite et à gauche, de manière à couper l'écorce proprement, pour éviter que les libers de la tige ne soient déchirés au lieu d'être coupés.

Le greffon *a, b* (fig. 112) est un sarment de la variété que l'on veut greffer. On le taille, à sa base, sur une longueur de 0^{m}03 à 0^{m}04, en lame de couteau, autant que possible en commençant près d'un bouton. Il doit être assez long pour qu'un bouton, au moins, soit hors de terre, une fois la vigne chaussée.

Nous avons contracté l'habitude de faire, en *b,* sommet de l'entaille du greffon, un petit épaulement qui lui donne l'aspect de la lame du couteau près de son manche et nous nous en trouvons bien. Le greffon est un peu plus long à tailler, mais il adhère mieux dans la fente, et cette dernière n'a pas besoin d'être aussi béante. Nous devons dire néanmoins que nous avons vu très-bien réussir des greffons taillés simplement en biseau de chaque côté comme *h, i* (fig. 112). Quel que soit le moyen que l'on emploie, il faut observer de ne pas trop amincir la partie du greffon destinée à l'intérieur de la fente. Il n'y a nul inconvénient à ce qu'il s'y trouve de l'écorce; il est utile que les coupes du greffon concordent le plus possible avec les parois intérieurs de la fente du sujet.

Le greffon préparé, comme nous venons de l'indiquer, on enfonce un coin de bois dur au milieu de la fente du sujet, pour la tenir entr'ouverte pendant l'opération. Ce coin doit être étroit pour ne pas gêner le placement du ou des greffons.

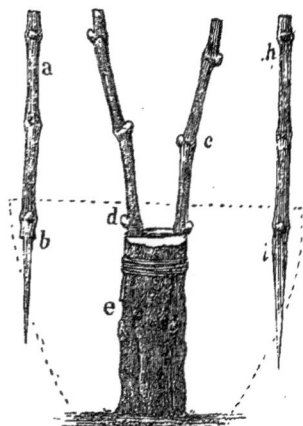

Fig. 112.

Il est nécessaire pour assurer la reprise de la greffe que le liber du greffon à sa partie taillée soit en contact avec celui du sujet, au moins à un endroit; le mieux serait qu'il le fût sur toute sa longueur. Comme les écorces de la souche sont très-épaisses, et qu'il n'est pas toujours facile en plaçant le greffon de juger si les libers sont bien vis-à-vis, on doit mettre la partie *d* du greffon (fig. 112) un peu en dedans de la fente et l'extrémité inférieure *e* un peu en dehors, de telle sorte que le liber du sujet et celui du greffon sont assurément en contact sur un point de leur étendue. Si, pour certaines convenances, on préférait que le greffon sortît en *d*, et rentrât en *e*, comme est placé le greffon *c*, cela reviendrait absolument au même. Le biais que nous conseillons de donner à la position du greffon ne doit pas être exagéré, il doit être au contraire très-peu sensible et dans le seul but d'assurer le contact des libers. Quand on peut placer deux greffons sur le même sujet, les mêmes précautions doivent être prises pour chacun d'eux.

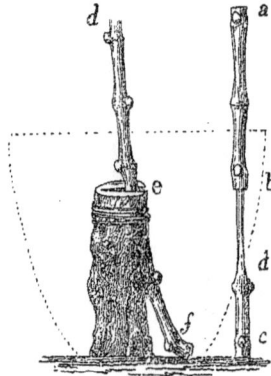

FIG. 113.

Les greffons placés comme nous venons de l'indiquer, on retire le coin ; on ligature, soit avec un osier, soit avec du jonc américain ; on couvre la fente avec un peu d'argile, si on peut s'en procurer, ou de terre meuble, et on rechausse, avec beaucoup de soin pour ne rien déranger. Dans le courant de la première année, on n'approche pas trop des souches en donnant les labours, et on fait les binages légers autour des ceps greffés. Lorsque deux greffons prennent, ce qui arrive très-souvent, on suprime le moins vigoureux l'hiver suivant, en le coupant ras de la fente et non en l'arrachant.

La greffe en fente à greffon, bouture à talon, se fait en préparant le sujet comme pour la greffe précédente. Le greffon *a, c* (fig. 113) est aminci en *b, d*, de manière à pouvoir entrer dans la fente et conserver

13

ensuite son épaisseur jusqu'à son extrémité inférieure qui doit plonger dans la terre et y prendre racines. On l'introduit dans le sujet en élargissant la fente au moyen du coin, et on le place comme l'indique le greffon *d, c, f,* mis en place (fig. 113).

Cette greffe est plus difficile que la précédente; nous ne la conseillerions que sur des sujets chétifs sur lesquels on voudrait appliquer des variétés plus vigoureuses.

Dans le midi, notamment dans l'Hérault, on fait les deux greffes dont nous venons de parler, avec un seul greffon, et en ne fendant le sujet que du côté où on doit le placer. On se sert, à cet effet, d'un ciseau tout en fer, assez bizarre (fig. 114). Le cep étant coupé, on place le tranchant *b, c,* sur le côté le plus propice à recevoir le greffon ; on frappe, avec un marteau, sur le derrière en *d ;* on retire le ciseau et avec sa pointe on écarte, un peu la fente, pour y introduire le greffon, en observant que les libers soient en contact. Pour cette greffe, la coupe du greffon doit être plus amincie dans la partie placée à l'intérieur du sujet que pour la greffe en fente à deux greffons.

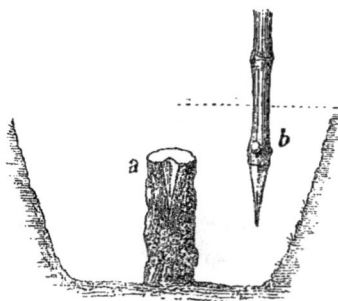

Fig. 114.   Fig. 115.

Avec un peu d'habitude et de pratique, un ouvrier intelligent arrive vite à tailler les greffons sans tâtonnements pour tous les modes de greffes.

La greffe à l'emporte-pièce se pratique surtout sur les vignes dont la tige souterraine est noueuse. Après avoir coupé la tête du sujet à 0^m10 environ, au-dessous du niveau du sol, on fait, sur un des côtés de sa circonférence, à l'endroit le plus convenable, une entaille triangulaire *a* (fig. 115) dans laquelle on place un greffon *b*, dont la base est taillée de manière à s'y adapter en observant que les libers se correspondent.

Fɪɢ. 116.   Fɪɢ. 117.

Cette entaille peut se faire avec la pointe de la serpette; on se sert aussi d'un emporte-pièce qu'on trouve chez tous les marchands d'instruments d'horticulture, et dont nous donnons le dessin (fig. 116).

Cette greffe doit être soigneusement ligaturée, le greffon n'étant pas serré comme dans la greffe en fente; on l'entoure également de terre glaise.

La greffe à l'emporte-pièce comporte, comme la greffe en fente, le greffon-bouture à talon; la figure 117 en donne l'idée ; elle est surtout utile pour greffer des variétés vigoureuses sur des sujets faibles, afin de les faire s'affranchir. Un greffon est affranchi lorsqu'ayant pris racine il peut vivre sans le pied-mère.

Le moment le plus favorable pour réussir les différentes greffes dont il vient d'être question est du 10 au 25 avril; il faut que la sève soit bien en mouvement, mais il ne faut pas que la végétation soit partie, c'est-à-dire qu'il y ait des feuilles sur la vigne qu'on veut greffer.

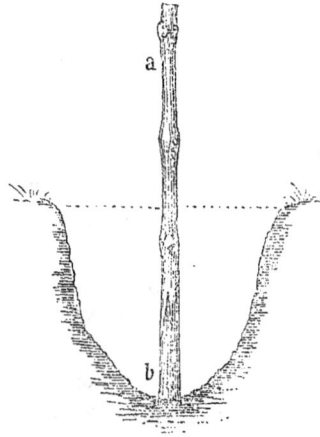

Fig. 118.   Fig. 119.

Nous recommandons, d'une manière toute spéciale, de ne greffer des vignes sur place, qu'avec le beau temps, de ne déchausser les ceps qu'à mesure et de les rechausser immédiatement après l'opération. Avec le mauvais temps, on n'est pas à son aise et, par ce fait, on est moins disposé à prendre toutes les précautions voulues pour bien placer les greffons, on les salit sur les faces taillées; de plus, la pluie en s'infiltrant dans les fentes, pendant l'opération, peut les altérer. La greffe une fois faite, ne demande que la chaleur; la terre remuée et piétinée trop humide, devient compacte et se réchauffe ensuite très-difficilement, ce qui peut compromettre la réussite de l'opération.

LES GREFFES SUR JEUNES SUJETS comprennent :

1° *La greffe en fente anglaise à greffon à talon;*

2° *La greffe en fente anglaise simple.*

La greffe en fente anglaise à greffon à talon (fig. 118) convient surtout quand on veut faire affranchir le greffon. Pour la pratiquer, on coupe en terre la tête du cep *a* en biseau très-allongé, et on lui fait une fente vers le tiers de la partie supérieure. On prend pour greffon, de préférence, un gros sarment à crossette; on lui fait, à quelques centimètres de la base, une entaille un peu plus longue que le biseau du sujet et de l'épaisseur du tiers environ du diamètre du greffon; on fait une incision, au milieu de l'entaille, en forme de languette de 0^m03 à 0^m04 de longueur et dirigée de bas en haut; on engage cette languette dans la fente du sujet, en faisant correspondre les libers d'un côté de la greffe; on ligature; on couvre les plaies d'argile; on rechausse et on rogne le greffon à un ou à deux yeux hors de terre.

Il n'est pas indispensable, pour cette greffe, que le sujet et le greffon soient de même diamètre; mais il faut observer, comme pour toutes les greffes du même genre, de bien ajuster les libers d'un côté, sans s'inquiéter du côté opposé.

La greffe en fente anglaise simple (fig. 119) s'exécute en taillant souterrainement le sujet en biseau, comme pour la greffe précédente; on fend le biseau au tiers de la partie supérieure; on taille, à la base, le greffon également en biseau et on le fend comme le sujet, mais en sens contraire; on engage les deux fentes, formant languettes, l'une dans l'autre, en mettant les libers d'un côté de la greffe en regard; on ligature; on chausse et on rogne le greffon à un ou à deux yeux hors de terre.

Cette greffe peut se faire sur de jeunes plants racinés sortant de pépinière; on les met en place après l'opération, ils réussissent ordinairement très-bien.

Elle peut également servir pour changer le cépage d'un provin ou d'un couchadis, en le greffant avant sa sortie de terre; ce qui ne l'empêche pas de pousser avec presque autant de vigueur que s'il n'était pas greffé.

Ces différentes greffes doivent se faire vers le 15 avril, c'est-à-dire à la même époque que les greffes en fente sur vieilles souches.

LES GREFFES PAR APPROCHE SUR SUJETS EN PLACE, comprennent :
1° *La greffe par approche avec sujet et greffon ligneux;*
2° *La greffe par approche de greffon herbacé sur sujet ligneux;*
3° *La greffe par approche de greffon herbacé sur sujet herbacé.*

La greffe par approche avec sujet et greffon ligneux se fait au printemps au moment où la vigne entre en végétation ; elle ne peut se
faire qu'à la condition d'avoir le sujet à greffer et celui portant le
greffon bien à portée l'un de l'autre ; le greffon devant adhérer au cep
qui le porte jusqu'à l'automne suivant.

Pour la pratiquer, on prend un sarment bien aoûté de l'espèce à
greffer ; on lui enlève, à sa partie qui peut atteindre l'endroit du sujet
où on veut faire la greffe, un peu plus de la moitié du bois, c'est-à-
dire jusqu'au-delà de la moëlle ; on fait sur le sujet, à l'endroit où doit
être la greffe, une rainure correspondante à la grosseur du sarment
greffon ; on met celui-ci dans la rainure, en observant que les libers
se correspondent, chose facile à obtenir avec un peu d'attention. Il est
prudent de commencer par tailler le greffon, puis on le présente sur
le sujet, pour avoir une idée de la direction et de la grosseur de l'entaille à faire pour bien l'encastrer ; on ligature ; on rogne le greffon à
deux yeux au-dessus de la greffe ; on lui enlève tous les yeux de sa
partie inférieure et on veille à ce qu'aucun bourgeon ne s'y développe.
A l'automne, on sèvre cette greffe, en détachant le greffon ras de sa
partie inférieure.

Fig. 120.

Cette greffe réussit également qu'on la fasse dans la terre ou hors
de terre, et il n'est pas utile pour assurer sa reprise, d'étêter le sujet.
Elle est précieuse pour remettre des coursons ou des bras sur des cordons qui les ont perdus, par accident. Elle réussit sur des souches de
n'importe quelle grosseur.

La greffe par approche de greffon herbacé sur sujet ligneux (fig. 120) se fait de la même manière et peut servir aux mêmes usages que la précédente; elle n'en diffère qu'en ce que le greffon est herbacé ou encore en pleine végétation quand on l'exécute. On peut la faire à partir du mois de juillet, jusqu'en septembre; on la sèvre à la taille. Si on la faisait trop tard, la soudure pourrait ne pas être complète; il serait prudent, dans ce cas, de ne la sevrer que l'année suivante.

La greffe par approche de greffon herbacé sur sujet herbacé est surtout utile pour greffer à la deuxième pousse des vignes françaises non résistantes à des variétés reconnues résistantes au phylloxéra, plantées côté à côté dans cette intention.

Pour la pratiquer, on taille les deux jeunes ceps sur un œil aussi bas que possible; on ne laisse pousser qu'un seul bourgeon, à chaque pied; dès qu'ils ont atteint une certaine consistance, vers la fin de juin, on fait à chacun, en regard l'un de l'autre, une blessure de 3 à 4 centimètres de long, allant dans leur milieu jusqu'à la moëlle; on applique les deux blessures l'une contre l'autre; on ligature les deux bourgeons, sans les serrer outre mesure, et on les attache à un tuteur pour éviter qu'ils ne cassent. Cette greffe peut se faire à la hauteur que l'on veut; le mieux est de la faire bas. Huit jours après l'opération on étête un peu l'extrémité du bourgeon du cep résistant destiné à devenir le sujet et on repète cette opération de temps en temps, pour obliger toute la sève à se porter sur l'autre bourgeon. Il faut surveiller attentivement les ligatures pour éviter qu'elles n'étranglent la greffe, les relâcher un peu, quand cela devient nécessaire, et les supprimer quand la soudure parait complète. L'hiver suivant on supprime complètement la tête du sujet ras de la greffe ainsi que la racine non résistante qu'il est utile d'arracher sans nuire à la racine de l'autre cep.

Cette greffe d'une reprise infaillible, pourrait s'appliquer dans des pépinières préparées dans ce but avec des plants américains et des plants français intercalés. En procédant à leur arrachage, après la deuxième pousse, pour les mettre en place, on débarrasserait chaque plant de la tête américaine ainsi que de la racine française.

LES GREFFES DITES COIN DU FEU SUR BOUTURES sont d'invention ou plutôt d'application récente. Elles sont utiles pour créer des sujets à racines résistantes au phylloxéra avec tête de cépage non résistants. Ces boutures greffées sont généralement destinées a être mises en pépinière; elles se font l'hiver, en chambre, ce qui leur a donné le nom de greffes coin du feu; on les met à mesure qu'on les confectionne, à stratifier dans le sable, jusqu'au moment de leur mise en pépinière; elles comprennent :

1° *La greffe bouture en fente anglaise ;*

2° *La greffe bouture en approche à languette.*

Fig. 121.   Fig. 122.   Fig. 123.

La greffe bouture en fente anglaise (fig. 121) est surtout en usage, depuis quelque temps, pour allier les cépages français aux boutures de cépages américains. Le sujet *b* est un morceau de sarment américain de 0ᵐ12 à 0ᵐ15 de longueur environ, dont la partie supérieure est taillée en biseau allongé que l'on fend vers le tiers de sa partie supérieure. Le greffon *a* est un morceau de sarment de l'espèce dont on veut obtenir des fruits; on lui taille la partie inférieure de la même manière, mais en sens contraire que le sujet et on le rogne à deux boutons. Il ne reste ensuite qu'à assembler les deux parties, en engageant les languettes des fentes, l'une dans l'autre; on ligature en veillant à ce que les libers se correspondent d'un côté, si les sarments ne sont de même grosseur; on recouvre la ligature d'argile ou d'un mastic quelconque et on met les plants ainsi conditionnés dans du sable, jusqu'au moment de la plantation.

La greffe bouture en approche à languette a été expérimentée par nous, sur une petite échelle; elle a donné de bons résultats et nous ne pouvons que la recommander à ceux qui, pressés de jouir, voudraient planter en boutures greffées sans mettre en pépinière. Dans ce cas, nous engagerions à mettre deux boutures greffées côté à côté; on serait ainsi plus sûr du succès; les plants excédants seraient arrachés l'année suivante pour servir à d'autres plantations.

Cette greffe se fait de deux manières que nous allons expliquer :

Le sommet d'un morceau de sarment américain pris comme sujet *c, d* (fig. 122) est taillé en biseau à l'opposé d'un bouton *e,* on fend ce biseau, comme pour la greffe en fente anglaise; ce sarment doit avoir de 0^{m}12 à 0^{m}15 de longueur. Le greffon *a, b,* sarment de vigne française est entaillé au-dessous du deuxième œil supérieur, par une plaie bien unie, de la profondeur du tiers environ du diamètre du sarment; on pratique dans cette plaie, de bas en haut, une fente formant languette, destinée a être mise dans la fente pratiquée au biseau du sujet; on ajuste les libers d'un côté de la greffe et on ligature en *i,* comme l'indique la bouture greffée *f, g, h* (fig. 123). Le plus souvent, il est utile de mettre dans le bas en *k,* une ligature pour tenir le sujet et le greffon rapprochés. Le greffon dans sa partie inférieure doit avoir 0^{m}04 à 0^{m}05 de moins de longueur que le sujet. Pour faire cette greffe, il faut que le bouton *e* du sujet ait toutes les qualités requises pour pousser, et quand on met les boutures en pépinière ou en place, il faut observer que ce bouton ne soit pas à plus de 2 à 3 centimètres au-dessous du niveau du sol; car il est utile qu'il se développe pour favoriser la soudure de la greffe; si, dans la suite, le bourgeon qu'il doit développer devenait trop vigoureux, il faudrait le pincer pour obliger la sève à se porter sur le greffon.

L'hiver suivant, on déchausse les ceps; on coupe l'onglet supérieur américain, ainsi que la partie inférieure du greffon, au-dessous de la soudure.

La seconde manière de faire cette greffe bouture consiste à tailler le
sujet américain, ainsi que le greffon français, comme nous l'avons
expliqué pour la taille du greffon de la greffe bouture précédente, en
observant de fendre la languette du sujet de haut en bas et celle du
greffon de bas en haut, comme l'indique la figure 124; la figure 125
représente le sujet et le greffon réunis, *a, b* est le sujet, *c, d* le
greffon; on passe les languettes l'une dans l'autre et on ligature, en
tenant les libers bien ajustés d'un côté. La partie inférieure du greffon
doit descendre moins bas que le sarment américain; par contre, celui-
ci doit être moins long, à sa partie supérieure, que le sarment français.

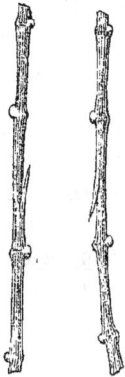

Fig. 124. Fig. 125.

Comme dans la greffe précédente, il faut, dans le courant de la végétation, pincer sévèrement les bourgeons américains qui se développeraient avec trop de vigueur, pour refouler la sève vers les bourgeons du greffon. Pendant l'hiver qui suit la greffe, on déchausse les
ceps; on supprime, ras de la soudure, la partie supérieure du sujet
américain et la partie inférieure du greffon français; si les plants

ainsi greffés étaient en pépinière, cette opération se ferait au moment de leur arrachage.

Cette dernière greffe est surtout recommandée quand on veut les établir sur place, dans des localités où les gelées des souches sont à craindre. Elle peut s'établir aussi profondément que l'on veut en laissant les têtes du sujet et du greffon un peu plus longues, ce qui permet plus tard de receper sur la partie française si cela devenait nécessaire.

La greffe bouture en fente anglaise échoue assez fréquemment; il n'y a rien d'étonnant à cela ; le greffon n'ayant qu'une faible partie enterrée relativement à sa tête, peut s'altérer si le sujet ne lui fournit pas la sève nécessaire en temps utile. Cela nous avait frappé et nous avons cherché à remédier à cet inconvénient au moyen de la *greffe bouture en approche à languette*.

Avec ce système, le sujet et le greffon sont indépendants; ils peuvent végéter séparément quelques jours; mais on comprend que, quand le sujet et le greffon, qui tous les deux peuvent émettre des racines, sont en végétation l'un et l'autre, la soudure doit se faire infailliblement dans de bonnes conditions.

Nous ne pouvons terminer ce chapitre sans parler d'une petite machine, inventée par M. Petit, ingénieur civil à Gazinet, destinée à permettre, au premier venu, de tailler mathématiquement, très-vite et avec la plus grande netteté, le biseau et la fente des greffes boutures en fente anglaise. Nous avons essayé cette machine, nous ne pouvons que la recommander, persuadé qu'elle est appelée a rendre de grands services à ceux qui s'occupent de faire les greffes pour pépinières.

CHAPITRE XIII

—

DES FAÇONS A DONNER A LA VIGNE

Les façons ont pour but :

1° D'entretenir le sol meuble pour permettre aux influences atmosphériques de le pénétrer et de lui apporter les gaz qui, en le fertilisant, y entretiennent une fraîcheur bienfaisante;

2° De détruire les herbes nuisibles à la plante, parce qu'elles épuisent et dessèchent le sol et favorisent l'effet des gelées printanières.

La terre remuée, par un temps pluvieux, ou lorsqu'elle est trop mouillée, devient compacte et difficile à cultiver dans les façons suivantes; la chaleur et l'air la pénètrent difficilement, au détriment des plantes, et si la sécheresse survient, dans ces conditions, la surface durcit, tandis qu'à une faible profondeur, le sol reste froid et humide. On doit éviter également de labourer quand la terre est trop sèche; dans ce cas, elle s'enlève à grosses mottes qui entraînent avec elles les racines des souches.

Avec des façons trop légères, le sol ne conserve pas longtemps sa fraîcheur; avec des façons trop profondes, la vigne est obligée de chercher sa nourriture dans un sol froid et dépourvu d'humus. Il est donc important de maintenir les façons à une profondeur moyenne, pour que la chaleur bienfaisante du soleil réchauffe les racines et que les radicelles qui y prennent naissance, puissent se ramifier à la surface et y absorber l'humus et les gaz qui s'y trouvent en plus grande abondance que dans les profondeurs du sol.

Les labours des deux premières façons du printemps doivent être plus profonds et mieux suivis que les labours des façons d'été; ces derniers doivent se faire dans l'unique but de détruire les mauvaises herbes et de maintenir la terre friable.

Au mois d'août, si la terre est meuble, il se forme près de la surface du sol un réseau de jeunes radicelles qu'il faut ménager, car elles jouent, dans la végétation, un rôle très-important, surtout à l'époque de la maturité du raisin; elles puisent dans le sol le plus amendé et le plus en contact avec les rayons du soleil une sève riche, très-favorable pour produire une bonne maturation.

Les radicelles dont nous venons de parler sont détruites, tous les ans, lors de la première façon; elles se reconstituent, dans le courant de l'été, si les façons ne sont pas trop tardives.

Le nombre et l'époque des façons varie un peu selon les localités; généralement on donne quatre façons de charrue dont deux à déchausser et deux à rechausser. Tous les vignobles bien tenus de la Gironde suivent cet usage; mais il y a des localités où on ne donne que deux façons de charrue, l'une à déchausser et l'autre à rechausser.

En Médoc, les vignes étant basses et plantées à la distance d'un mètre au maximum, les labours se font généralement au moyen de deux bœufs attelés de front qui passent chacun dans un sillon; la rège de vigne est entre eux.

Le premier labour à déchausser se fait avec un araire, à tige raide, appelé *cabat*, qui rase les ceps et rejette la terre au milieu de la rège. Des ouvriers, munis de bêches, tirent le cavaillon sur le labour. — Le cavaillon est la bande de terre entre les ceps qui ne peut être enlevée par la charrue. — Cette première façon commence vers le mois de mars.

La seconde façon se donne avec un araire qu'on appelle *courbe;* il fend le premier labour et rechausse les ceps; cette façon a lieu vers la fin d'avril ou au commencement de mai.

La troisième façon se fait comme la première avec le *cabat* qui déchausse encore les ceps; on tire une seconde fois les cavaillons sur le labour; elle est exécutée en juin.

La quatrième et dernière façon se pratique avec la *courbe*, et de la même manière que la seconde en juillet ou en août.

Dans les jeunes vignes, ainsi que dans celles qui sont très-basses, on fait suivre chaque bouvier, donnant la quatrième façon, par un ouvrier, qui armé d'une pelle, protége les raisins et empêche qu'ils ne soient enterrés, en mettant la pelle au-devant d'eux à mesure que la charrue passe.

En dehors du Médoc, chaque localité a ses usages. Tantôt on laboure avec un cheval ou un bœuf; tantôt avec deux chevaux ou deux bœufs, suivant la routine du pays ou le caprice du propriétaire. La façon est, malgré cela, à peu près la même; on déchausse, on rechausse les ceps et on tire les cavaillons; les instruments varient et sont appropriés au genre d'attelage dont on se sert.

Dans les graves des environs de Bordeaux, les vieilles vignes sont généralement cultivées à la bêche, mais les nouvelles plantations sont toutes labourées. La distance entre les rangs est d'environ 1^{m}33; les ceps sont palissés à de longs échalas, ce qui oblige de labourer avec des animaux seuls; le plus souvent avec des chevaux attelés à de petits araires, ou de petites charrues vigneronnes de divers modèles qu'on trouve soit chez les constructeurs de Bordeaux : Bouilly, Mothes et Primat; soit chez les forgerons de chaque localité.

Sur ces terrains, les façons commencent au mois de mars pour se terminer vers le mois d'août. A la première façon de déchaussage, on tire le cavaillon en dehors, et à la seconde, on se contente de le démolir sur place pour détruire l'herbe. Dans les vignes fumées, à la première comme à la deuxième façon de déchaussage, on travaille le cavaillon sur place, ce qui se fait d'ailleurs dans tout le vignoble girondin.

Les vignes de graves non labourées reçoivent généralement trois façons : en mars, en mai et vers la fin de juillet; on les exécute à bras d'homme, soit avec une bêche, soit avec le *puard*, si le terrain est pierreux au caillouteux. Les vieilles vignes qui ne sont pas labourées sont généralement par grandes planches de plusieurs rangs, très-irrégulièrement plantées.

Sur la plupart des grands crûs de Sauternes et de Bommes, où les terrains sont forts et les pentes rapides, beaucoup de vignes sont plantées à un intervalle de deux mètres; les échalas étant élevés, elles sont labourées au moyen de deux bœufs attelés de front, passant entre les rangs. Il y a aussi des terres silico-graveleuses qui sont façonnées, comme nous l'avons expliqué en parlant des graves.

L'intervalle de deux mètres, entre les rangs, se laboure le plus souvent au moyen de six tours de charrue; on tire le cavaillon en dehors, à la première façon de déchaussage, tandis qu'on le travaille sur place à la deuxième. Les premières façons ne commencent guère qu'au commencement d'avril pour se succéder et se terminer dans le mois d'août.

Dans les anciennes vignes du Sauternais, on trouve quelques plantations à jouailes, c'est-à-dire des rangs rapprochés de 0^{m}90 à 1 mètre entre des intervalles de 2 mètres. Ces jouailes reçoivent à l'automne une façon d'*acaulage*, qui consiste à creuser, avec une marre, entre les deux rangs, une allée en forme de fossé, de 0^{m}40 de large, bien nette, de la profondeur de 0^{m}20 environ, c'est-à-dire au niveau des labours extérieurs. C'est dans cette allée que le vigneron passe pour faire les travaux d'hiver : la taille, l'aiguisage, la plantation des échalas et le liage ou palissage aux échalas; l'acaulage disparaît à la suite des labours du printemps.

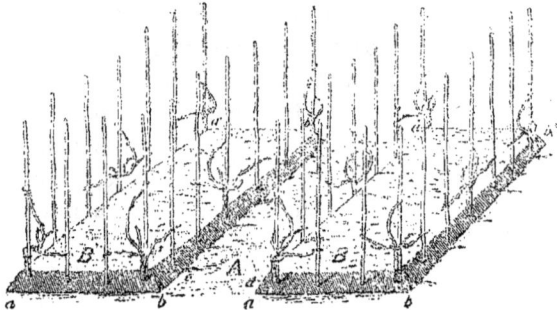

Fig. 126.

Les charrues du Sauternais sont à tiges raides (araires) confectionnées dans le pays. Il y a dix ans à peine qu'on y a adopté les charrues en fer. Comme dans le Médoc, elles sont disposées, les unes pour déchausser et les autres pour chausser. Il est bien rare de trouver un instrument, à tige raide, également bon pour donner les deux façons.

Les *Palus* étaient autrefois toutes cultivées avec la *marre* à bras d'hommes. Dans tout le Libournais, le fond de la *reuille* (A, fig. 126) était semée d'herbe de prairie qu'on entretenait en bon état; on la fauchait et on la cultivait pour en faire du foin. Le haut du platain B, ainsi qu'une largeur de 0ᵐ30 en dehors des rangs de vignes, était façonné à la marre. Cet outil, que les ouvriers du pays manient habilement, pénètre horizontalement de quatre à cinq centimètres de profondeur, puis par un mouvement, la tranche de terre enlevée se renverse d'une manière parfaite.

Actuellement, presque toutes les vignes des palus sont labourées; chaque localité a ses charrues préférées; les unes sont à tiges fixes, d'autres sont à tiges brisées; elles sont attelées soit d'un bœuf, soit d'un cheval.

Sur certaines palus, on conserve les vignes en reuille, avec la prairie dans le fond; on ne laboure alors que le sommet de la planche (B, fig. 126) après avoir, au préalable, travaillé un rang à la *marre* pour ouvrir le tail; quand la charrue a fait son travail, le vigneron n'a plus qu'a bêcher le second rang de vigne. Le laboureur façonne ordinairement deux planches à la fois, sur l'une la terre est renversée d'un côté, et sur l'autre du côté opposé. Dans quelques vignobles de palus, les sommets sont peu élevés et on laboure les fonds aussi bien que les platains. Il est essentiel, dans ce cas, de bien assainir le terrain, soit au moyen de drainages, soit au moyen de pentes artificielles, sans quoi, les eaux s'écoulant difficilement, gêneraient pour donner les façons.

Dans les localités des environs de Saint-Macaire, notamment à Saint-Pierre-d'Aurillac, les labours et les façons sont généralement bien exécutés. Les vignes à jouailles sont acaulées avant la chute des feuilles; celles-ci, en s'accumulant dans le fond de la jouaille, garantissent le sol du piétinement des ouvriers qui s'y tiennent pour donner les façons d'hiver.

La première façon de charrue à déchausser a lieu en avril; on bêche le cavaillon sur place, et le vigneron enlève soigneusement, à chaque cep, toutes les racines poussées l'année précédente dans la partie bêchée. Les autres façons se donnent à peu près aux mêmes époques qu'ailleurs. Lorsqu'on déchausse la seconde fois, on laisse le cavaillon plus gros et on le bêche superficiellement pour détruire les germes des mauvaises herbes; mais de manière à fatiguer le moins possible les jeunes radicelles en formation. Dans aucun pays, on ne veille avec autant de sollicitude sur ces jeunes radicelles.

Dans les vignobles blancs de l'Entre-deux-Mers et de la Bénauge, on ne donne guère que deux façons : la première a lieu en avril ou mai ; on tire le cavaillon à une grande profondeur ; on laisse la vigne déchaussée pendant un mois au moins, puis on la rechausse vers le mois de juillet, et on la laisse ainsi jusqu'à l'année suivante. On a l'habitude, dans ces pays, de labourer et de déchausser la vigne profondément ; il serait préférable, à notre avis, de donner les façons plus légères et de les multiplier ; en opérant ainsi, le travail serait moins pénible pour les hommes ainsi que pour les animaux ; les façons seraient meilleures et ne coûteraient guère plus.

Nous terminons ici ce chapitre, persuadé que le lecteur auquel nous avons expliqué ce qui se pratique dans les meilleures contrées viticoles de la Gironde, saura choisir ce qui sera le mieux à sa convenance, eu égard au milieu dans lequel il devra opérer.

CHAPITRE XIV

—

DES ENGRAIS, DES AMENDEMENTS ET DES COMPOSTS

La vigne est, peut-être, de tous les végétaux qui vivent sous notre climat, celui qui tire de la terre le plus de substance pour sa nourriture. Tous les terrains renferment une certaine quantité de principes nutritifs nécessaires à son accroissement. Il y en a de nature très-riche, sur lesquels elle peut végéter de nombreuses années, sans le secours d'engrais, ni d'aucun amendement; mais il y en a aussi où elle a besoin pour donner des produits rémunérateurs, d'un supplément de nourriture. Ces suppléments de nourriture sont : *les engrais, les amendements* et *les composts.*

Les engrais sont les substances qui, confiées au sol, fournissent aux racines des principes nutritifs plus ou moins assimilables; tels sont : les divers fumiers, les poudrettes, les colombines et les détritus d'animaux.

Les amendements sont les matières minérales qui ont pour but de modifier plus ou moins la composition élémentaire du sol, afin de rendre ses propriétés physiques ou chimiques plus favorables à la végétation.

Les composts sont le mélange, à diverses doses, d'engrais composés de matières organiques et d'amendements composés de matières minérales.

Les apports de terres dans les vignes peuvent être considérés comme d'excellents amendements, s'ils sont abondants, surtout quand le sol

manque de profondeur. Certains végétaux enfouis en vert : les bruyères, les fougères, les sarments, les branches de sapin, les broussailles,
sont d'excellents engrais. On peut en dire autant des chiffons de laine,
des cornes, des sabots et des cuirs d'animaux ; leur désorganisation
étant lente leur influence est plus prolongée.

Le fumier de ferme est l'engrais le plus sûr et le plus commun. On
l'emploie soit en nature, soit mélangé avec de la terre, des marnes
ou d'autres amendements. Employé en nature, trop frais et en trop
grande abondance, il risque de communiquer au vin, surtout aux vins
fins et délicats, un goût désagréable ; c'est pourquoi il est préférable
de le mélanger quand on fume au printemps.

Les amendements minéraux donnent le plus souvent des résultats
splendides. En portant de la marne calcaire sur un sol qui manque de
chaux ; de l'argile, sur des terrains sablonneux ; des terres douces des
vallées, sur des terrains argileux ou calcaires, on est toujours sûr
d'augmenter la vigueur et la fertilité des vignes, sans risquer de
nuire à la qualité du raisin.

Bien des gens prétendent que, pour faire de bon vin, la vigne doit être
sur un sol maigre et dépourvu d'humus. Ce n'est ni en Médoc, ni à
Sauternes, localités où on récolte les meilleurs vins du monde, qu'on
oserait soutenir de pareilles doctrines. Dans ces contrées, on s'arrange
pour avoir la plus grande quantité possible de fumier et on s'ingénie
pour fumer le plus souvent que l'on peut. C'est que l'on sait, par expérience, qu'une vigne adulte fumée avec discernement et maintenue
ainsi en bonne végétation, donne des produits plus abondants et
meilleurs qu'une vigne négligée et appauvrie. Il ne faudrait pas
cependant en conclure, qu'une vigne plantée sur un sol vierge et généreux donne, étant jeune, de meilleur vin que toutes les autres, sous
prétexte qu'elle est plus vigoureuse ; dans ce cas, au contraire, les
raisins sont aqueux et le vin qu'ils produisent manque de corps.

Dans le pays de Sauternes, où le raisin est cueilli par des triages
successifs, quelquefois graine à graine, les cultivateurs savent tous
que les vignes fumées sont celles qui donnent le plus de raisins, celles
sur lesquelles la maturité est la plus précoce et celles qui, par cette
raison, donnent proportionnellement le plus de vin de tête. Les raisins
venus sur des vignes appauvries pourrissent plus difficilement, se ven-
dangent plus tard et font des vins plus secs.

On peut fumer la vigne à toute époque de l'année; cependant les fumages exécutés pendant les beaux jours de l'automne, sont les meilleurs. Il faut éviter de fumer avec le mauvais temps ou avec un sol trop humide, pour les mêmes motifs que nous avons donnés au chapitre des façons; car pour fumer, il faut non-seulement labourer, mais encore transporter le fumier et l'étendre. Si le sol est mouillé on le rend très-compacte et on neutralise ainsi une partie des bons effets du fumage; il est donc essentiel de suspendre cette opération pendant le mauvais temps.

Chaque localité a son système de fumage. En général on déchausse la vigne en tirant le cavaillon un peu plus profondément que de coutume; on étend le fumier ou les divers engrais tout le long du sillon et on recouvre immédiatement. L'année qui suit on travaille les cavaillons sur place, pour ne pas découvrir le fumier.

Dans les vignes non façonnées à la charrue, on se contente de mettre les engrais autour de chaque cep, après les avoir déchaussés jusqu'aux racines mères, sur un rayon de 0^m25 à 0^m30.

Certains propriétaires placent l'engrais dans un fossé creusé entre deux rangs, avec la précaution de mettre sur le fumier la terre de la surface soigneusement mise à part en creusant le fossé. Ce procédé est le plus coûteux, mais il est le meilleur. Ceux qui le pratiquent, ne fument qu'à rang passé, pour ne pas fatiguer les racines des ceps des deux côtés à la fois. Au fumage suivant on ouvre les tranchées dans les fonds non fumés.

La vigne, il faut bien le dire, trouve toujours l'humus dans quelque endroit du sol qu'on le mette, mais il lui profite d'autant plus qu'il est mis à une plus grande profondeur, de manière à ce que les herbes de la surface ne puissent en faire leur profit à son détriment.

Il serait préjudiciable à la vigne de la déchausser profondément ou d'y creuser des fossés pour la fumer, quand elle est en végétation. A cette époque, si on a des fumiers disponibles et qu'on ne veuille pas les mettre en compost, pour les conserver et ne les employer qu'à l'automne, on peut les étendre entre les rangs et les recouvrir avec un peu de terre pour emmagasiner les gaz et les sels qu'ils contiennent ou dégagent dans leur fermentation. On les enfouit à l'automne, soit par un défoncement, soit par fossés comme nous l'avons expliqué.

Les poudrettes, les colombines, les détritus d'animaux, les chiffons et les engrais chimiques, étant d'un moindre volume que le fumier, sont plus faciles a employer ; on doit les enterrer assez profondément pour que les mauvaises herbes n'y arrivent pas.

Les amendements minéraux tels que la marne, la chaux, l'argile doivent se déposer à la surface du sol, pour que les labours et les influences atmosphériques les divisent et rendent le mélange avec le sol plus facile. Ces amendements enfouis en masse, à une grande profondeur, ne produisent que peu ou point d'effet; tandis que le résultat est d'autant meilleur que le mélange est plus parfait.

Les apports de terre, surtout si elle est de bonne qualité, peuvent être enfouis n'importe à quelle profondeur; mais ils produisent aussi d'excellents résultats, si on se contente de les étendre à la surface du sol.

En terminant ce chapitre, nous signalerons un fumage ou plutôt un amendement employé en grand par M. Arthur Johnston, sur son domaine de Mesnes, en Touraine, qui produit des résultats surprenants.

Les vignes de ce domaine sont toutes plantées *en chaintres,* les rangs distancés de 4 à 5 mètres. Pour les fumer, on creuse le long de chaque rang, un fossé de 0^{m}60 de largeur et de 0^{m}60 à 0^{m}70 de profondeur. On garnit le fond de ce fossé, sur une épaisseur de 0^{m}30 environ, avec des fascines de bois de pin sans s'inquiéter de leur grosseur; nous avons vu enfouir des barres mesurant 0^{m}15 de diamètre; on met les grosses barres dans le fond de la tranchée et les branchages par dessus ; puis on recouvre le tout avec de la terre.

Nous n'expliquerons pas scientifiquement les effets chimiques ou mécaniques produits par cette fumure. Nous nous bornerons à dire qu'elle est très-efficace. Nous l'avons vue appliquée sur une pièce de vigne déjà ancienne, condamnée il y a une douzaine d'années a être arrachée à cause de son mauvais état et de son peu de vigueur. Non-seulement elle se releva et devint vigoureuse, à partir de l'année suivante; mais, depuis lors, elle s'est maintenue et est encore d'une vigueur très-satifaisante. Cette pièce, la première traitée dans le pays, a donné l'idée de ce fumage dont partout on se trouve bien. Nous pensons que dans les terrains argileux, compactes ou humides de la Gironde, il rendrait les mêmes services. Tout le monde, il est vrai, n'a pas à sa portée des bois résineux pour les employer comme nous l'indiquons; mais certainement, parmi nos lecteurs, quelques-uns en

possèdent ou peuvent s'en procurer à peu de frais; nous les engageons fortement à tenter l'expérience. Les sarments, les bruyères ainsi
que des bois non résineux produiraient peut-être des effets analogues;
ce sont des essais à tenter qui dans aucun cas ne peuvent nuire à la
vigne.

CHAPITRE XV

—

DES FLÉAUX, DES MALADIES ET DES INSECTES QUI NUISENT A LA VIGNE

Originaire des pays chauds, la vigne est exposée dans notre climat tempéré à souffrir des gelées.

Les gelées peuvent sévir au printemps, à la fin de l'automne et en hiver.

Les gelées de printemps enlèvent la récolte et portent un trouble considérable dans l'organisme du cep.

Les gelées d'automne altèrent les boutons non encore complètement aoûtés et portent ainsi un grand préjudice à la pousse de l'année suivante.

Les gelées de l'hiver, lorsqu'elles sont fortes, attaquent la souche elle-même. En 1870-1871, des vignobles entiers furent à peu près perdus.

Il n'y a pas de préservatif pratique contre les gelées de l'hiver et de l'automne. Contre les gelées du printemps, nous n'en connaissons pas d'autres que les nuages artificiels.

L'expérience a démontré que les nuages artificiels, obtenus par la fumée répandue dans l'atmosphère, empêchent le refroidissement du sol, en interceptant le *rayonnement*. On fait ces nuages de diverses manières : avec des huiles lourdes, des bauges ou des balles de blé humides, du bois de pin vert, en un mot avec des matières économiques qui, dans leur combustion, émettent beaucoup de fumée.

Quand on redoute la gelée et que la vigne est à une époque critique, on doit préparer des foyers disséminés dans le vignoble, mais assez rapprochés pour obtenir une fumée intense. Si, pendant la nuit, le thermomètre descend à deux degrés au-dessus de zéro, il faut allumer les feux, les mouiller de temps en temps pour les empêcher de brûler trop vite et les obliger à faire plus de fumée.

La durée des feux doit être d'une heure environ et, pour que l'effet soit plus efficace, toute une localité viticole devrait s'accorder pour étendre le rayon de préservation sur la plus grande surface possible. Si l'on allume les feux à trois heures et si on les entretient jusqu'à quatre, la fumée reste intense jusques vers six heures, ce qui est suffisant pour neutraliser même une forte gelée.

L'Oïdium qui, pendant bien longtemps, ravagea nos vignobles, n'effraie plus aujourd'hui les viticulteurs intelligents qui veulent se donner la peine de le combattre; la science nous a dotés d'un remède infaillible pour en arrêter les effets désastreux.

Cette maladie est causée par une végétation parasite qui germe sur toutes les parties vertes de la vigne et qui enlace, de ses innombrables réseaux, les jeunes pousses, les feuilles et les fruits. Si on ne la combat, l'arbuste jaunit, végète avec difficulté et les graines de raisins qui en sont atteintes se fendent et sèchent sur pied.

Le soufre sublimé ou trituré, employé à propos, empêche non-seulement la germination de la maladie, mais en arrête le développement, lorsqu'on se laisse surprendre par une invasion imprévue; les émanations sulfureuses ayant la propriété de désorganiser les tissus du parasite.

Tous les vignerons de la Gironde ont fait du soufrage plus ou moins intelligemment; nous allons indiquer sommairement les procédés avec lesquels nous avons toujours réussi.

On peut employer indifféremment le soufre sublimé ou le soufre trituré; il est d'autres matières qui jouissent d'une faveur notamment la poudre Coulet et Chausse; pour notre compte, nous avons toujours donné la préférence aux soufres purs.

Le soufre sublimé a le défaut de se mettre en grumeaux. On évite cet inconvénient en l'additionnant de 15 p. 100 environ de cendre bien sèche; le mélange une fois fait, on le passe au tamis, pour détruire toutes les agglomérations du sublimé qui, après cette opération, ne se reforment plus.

Il y a des machines ou appareils perfectionnés pour étendre le soufre sur la vigne : soufreuses à cheval, soufreuses portatives à bras
d'homme. Ces instruments font un travail régulier, ils divisent bien le
soufre, mais tout le monde n'a pas un vignoble assez important pour
en faire la dépense. Ils sont d'ailleurs sujets à des accidents assez fréquents qui ont empêché, jusqu'ici, leur vulgarisation.

Nous avons toujours soufré avec le soufflet ordinaire (soufflet de La-
vergne); cet instrument bien manœuvré est excellent; il faut habituer
les ouvriers qui s'en servent à agiter les bras vivement, sans trop
écarter les branches du soufflet; en opérant ainsi, on lance un jet continu de poussière sulfureuse.

En règle générale, il faut trois soufrages, pour défendre efficace-
ment une récolte des attaques de l'oïdium; le premier doit se faire une
huitaine de jours environ avant la floraison, c'est-à-dire vers la fin de
mai; le second doit s'exécuter huit jours environ après la floraison,
c'est-à-dire vers le 20 ou le 25 juin; le troisième se pratique un peu
avant la véraison vers la fin de juillet.

Bien entendu, cette règle peut avoir des exceptions. La température,
les fluctuations atmosphériques, doivent être prises en considération;
un orage avec forte averse survenu sur un soufrage récent, diminue
la durée de son effet et oblige à le refaire sous peu de jours; plus
la chaleur est forte et plus le soufrage produit d'effet. Certaines pièces
de vigne sont plus sujettes à la maladie que certaines autres; deux
opérations sur les dernières auront autant d'effet que trois sur les premières. Le propriétaire ou le vigneron qui connait son vignoble, sait
par où arrive l'invasion; en examinant, de temps en temps, ses pieds
moniteurs, il est sûr de n'être pas surpris.

Tout le monde ne sait pas soufrer; pour que cette opération ne laisse
rien à désirer, il faut que toutes les feuilles et les sarments qui sont
dans l'entourage des raisins soient régulièrement couverts d'une légère couche de poussière sulfureuse et, qu'à moins d'accidents, on
n'aperçoive, ni sur le sol, ni sur les feuilles, ni sur les grappes des
flocons de soufre; car non-seulement c'est de la matière perdue, mais
quand les grappes en sont chargées ce soufre porté dans la cuve dété-
riore le vin.

Quand les verjus commencent à être gros et qu'on soufre avec de
fortes chaleurs, il faut opérer avec les plus grandes précautions et

éviter de mettre trop de soufre sur les raisins exposés au soleil, parce que les graines risqueraient de devenir noirâtres de se durcir et de se fendre même, quelquefois, avant de vérer.

Les soufrages devraient cesser complètement, lorsque les raisins entrent en véraison. Il arrive quelquefois que pour cause de négligence, la maladie persiste après cette époque ; on est dans ce cas obligé de faire des soufrages partiels, mais on ne doit les faire exécuter que par des gens soigneux, qui sachent bien discerner les ceps malades pour ne soufrer que ceux-là, en observant de mettre sur les raisins le moins de soufre possible.

Sur les pièces de vigne très-sujettes à la maladie, il est bon de faire un soufrage préventif à la houppe, sur les jeunes pousses, quand la moyenne des bourgeons atteint de 0^m15 à 0^m20 de long.

L'ANTHACNOSE, autre affection de la vigne, fait depuis quelque temps des dégâts sérieux à nos vignobles; au printemps de l'année qui vient de finir, 1878, ses ravages ont ému beaucoup de propriétaires; certains cépages, notamment *les merlots* et *les cabernets sauvignons* en ont beaucoup souffert.

D'après l'avis des savants, cette maladie est produite par un parasite qui pénètre jusqu'à l'intérieur des vaisseaux cellulaires des bourgeons, des feuilles et des grappes, les désorganise, porte un trouble réel à la végétation et occasionne la coulure.

Les pampres qui en sont atteints sont couverts de tâches noires qui, peu à peu, se creusent et s'agrandissent jusqu'à dessécher complètement certains bourgeons.

La science ne nous a pas encore indiqué un remède pour combattre cette maladie ; mais des propriétaires ont, paraît-il, réussi cette année, à en atténuer les effets, en répandant sur les pampres atteints un mélange de soufre et de chaux vive qu'il faut renouveler souvent. Nous ne pouvons qu'engager à essayer de ce remède, en attendant mieux.

LE PHYLLOXÉRA VASTATRIX, fléau de nos vignobles, est un insecte microscopique qui s'établit de préférence sur les racines de la vigne; sa multiplication est si abondante que des entomologistes estiment que, dans le midi, où la température est élevée, une mère peut, dans le cours du printemps et de l'été, faire neuf pontes et, par des reproductions successives, arriver à engendrer de 25 à 26 millions de phylloxéras.

Les documents les plus anciens autorisent à croire que, jamais avant nos jours, le phylloxéra n'a existé en Europe, tandis qu'il existe depuis longtemps aux États-Unis d'Amérique, où il fait succomber à ses attaques toutes les vignes européennes après trois ou quatre ans de plantation.

On croit que son invasion en France remonte vers l'année 1860; ses ravages commencèrent en 1863 à Pujaut, dans le département du Gard. Son apparition dans la Gironde ne fut officiellement constatée qu'en 1869, dans la palus de Floirac, près Bordeaux. Actuellement le tiers du vignoble girondin est à peu près détruit et le terrible fléau gagne toujours du terrain.

L'effet produit par le phylloxéra sur les vignes attaquées n'est apparent qu'un an ou deux après l'invasion. On aperçoit d'abord une petite zône de quelques ceps sur lesquels la végétation s'arrête tout à coup; peu à peu le cercle s'agrandit, d'autres foyers se déclarent et, dans l'espace de deux ou trois ans, des vignobles importants sont détruits.

Les chercheurs et les inventeurs de remèdes ne manquent pas; malheureusement, jusqu'à ce jour, aucun n'est assez sûr pour être déclaré infaillible; les préoccupations du gouvernement à ce sujet prouvent surabondamment ce que nous avançons.

Parmi les traitements qui jusqu'ici ont donné les meilleurs résultats, on doit placer en première ligne la submersion. La submersion des ceps pendant quarante jours est incontestablement un moyen certain de détruire presque tous les phylloxéras existants dans une vigne; mais il faut, pour son application, des terrains bas et horizontaux, perméables à la partie supérieure, autant que possible imperméables à la partie inférieure et situés dans le voisinage de l'eau.

Dans la Gironde, les propriétaires, qui ont fait de la submersion, sont très-nombreux et les résultats obtenus sont on ne peut plus satisfaisants; mais, il est bon de le dire, l'eau la plus généralement, pour ne pas dire exclusivement employée, est l'eau de la Garonne, de la Dordogne ou de la Gironde, toujours très-limoneuse, ce qui dispense d'employer les fortes quantités d'engrais nécessaires après une submersion faite avec de l'eau claire.

Ce traitement a quelquefois des inconvénients ; on peut mouiller le terrain du voisin qui, s'il ne veut pas d'eau, peut exercer des poursuites et demander des dommages-intérêts, ce qui est arrivé déjà. Il est

bon, avant de se lancer dans des dépenses d'installation assez considérables, d'en étudier tous les inconvénients.

Jusqu'à ce jour, les insecticides n'ont donné que des résultats peu
satisfaisants. En dehors du département, les rapports contenus dans
les bulletins des diverses Sociétés agricoles, nous entretiennent de
quelques succès obtenus, soit au moyen du sulfure de carbone employé pur ou mélangé d'autres matières, soit au moyen des sulfo–carbonates de potassium ; on signale même un succès obtenu au moyen
du sulfo–carbonate de calcium.

Dans la Gironde, tous les insecticides ont été essayés ; les bons résultats obtenus sont bien rares. Leur emploi est tellement difficile, que
nous ne croyons pas devoir recommander les sulfures de carbone et
les sulfo–carbonates jusqu'à ce qu'une méthode plus pratique soit
trouvée. On parle également de plusieurs insecticides à base d'engrais
qui auraient donné de très-bons résultats ; nous n'en avons pas fait l'expérience et, pour ce motif, nous préférons nous abstenir d'en parler.

Nous serons plus affirmatif au sujet des vignes américaines. Nous
étudions ces cépages depuis plusieurs années, et nous avons la con-
viction qu'ils sont appelés à rendre de très-grands services à la viticulture française, sur les sols où la submersion n'est pas praticable ;
peut-être, sur ces terrains mêmes, leur emploi serait-il plus économique que la submersion.

La science et la pratique sont loin d'avoir dit leur dernier mot à
leur sujet ; bien des essais et des observations seront nécessaires pour
arriver à la perfection ; mais nous pouvons affirmer d'ores et déjà que,
parmi les diverses variétés de plants américains, il en existe plusieurs
dont la résistance n'est plus discutable, quand ils se trouvent dans une
nature de terrain qui leur convient. Le *jacquès,* l'*herbemont,* le *vitis
solonis,* le *clinton,* le *taylor* et le *york–madeira,* plantés depuis une
dizaine d'années, au milieu de foyers phylloxériques, résistent et ont
une très-belle végétation, tandis que les cépages européens ont suc-
combé. Cette résistance qui s'affirme en France, depuis dix ans, et qui
a toujours eu lieu en Amérique, au milieu de la mortalité des vignes
européennes, présente des gages à peu près incontestables pour
l'avenir.

Plusieurs propriétaires du Midi ont fait des plantations très-impor-
tantes de vignes américaines, en vue de la production directe, avec des

cépages de la famille des *œstivalis* qui font de très-bons vins; mais notre expérience n'est pas encore assez établie, pour que nous engagions nos lecteurs à marcher dans cette voie. L'adaptation des diverses variétés de vignes américaines aux milieux qui leur conviennent, est une question capitale qu'il ne faut pas perdre de vue; cette étude est encore peu avancée ; les viticulteurs qui iraient trop de l'avant pourraient avoir des déceptions.

Dans la Gironde, où les cépages sont précieux et où il faut les conserver, pour soutenir la réputation des vins, nous devons nous attacher surtout aux meilleurs porte-greffes; c'est-à-dire aux cépages américains résistants au phylloxéra, qui sont d'une reprise de bouture et de greffe faciles et qui s'accommodent de notre climat.

Mais quels sont les meilleurs porte-greffes? Nous l'avouons humblement, cette question est, de toutes celles que nous avons traitées, la plus difficile à résoudre. Nous l'étudions depuis longtemps ; malgré cela, nous n'osons encore rien affirmer. Nous poursuivrons nos recherches, avec l'espoir d'arriver bientôt à une bonne solution. Pour le moment, sans engager notre opinion, nous nous bornerons à faire connaître les cépages qui, d'après des autorités viticoles, seraient les plus recommandables. Ce sont à peu près tous les *cordifolias,* savoir : le *riparia,* recommandé par M. Millardet; le *cordifolia* sauvage que beaucoup confondent avec le précédent, mais dont la reprise est plus difficile; le *taylor;* le *solonis ;* le *clinton* et le *vialla;* le *york-madeyra,* de la famille des *labruscas* serait aussi un excellent porte-greffes. Le *solonis* est, paraît-il, très-résistant ; mais on se plaint généralement de sa reprise en bouture.

On a beaucoup parlé, dans ces derniers temps, de la régénération des vignes par le semis et certains viticulteurs la préconisent comme le seul remède contre le phylloxéra. Cette idée, qui peut être excellente, n'est encore qu'une hypothèse; nous sommes éloigné de la condamner, mais sa valeur réelle ne pourra être établie que dans quelques années. Il ne suffira pas d'obtenir des sujets résistants par les semis; il faudra de plus que ces sujets soient susceptibles de produire de bon vin. Ce double résultat ne peut évidemment s'obtenir du jour au lendemain. Nous ne pouvons qu'encourager les personnes sérieuses et qui ont des aptitudes spéciales, à faire des essais multipliés; mais en attendant que le succès ait couronné leurs recherches, nous dirons aux simples cultivateurs de greffer nos excellents cépages girondins sur les cépages Américains résistants.

L'EUMOLPE, connu aussi sous les noms de *gribouri* et d'*écrivain* fait beaucoup de mal dans certains cantons de notre département. Ce petit insecte long de cinq millimètres environ est noir ou châtain. Il commence ses dégâts dès que les bourgeons atteignent une longueur de trente à quarante centimètres; il attaque les feuilles, les jeunes pousses et souvent le raisin lui-même. Il ronge les écorces en y dessinant des rainures, ce qui lui a fait donner le nom d'écrivain; quand ces rainures son faites sur les graines du raisin, elles se fendent en grossissant et se dessèchent.

Cet insecte se laisse tomber dès qu'on s'approche de lui, il fait le mort et se confond avec le sol. On le chasse en imbibant une planchette d'une forte couche de coaltar qu'on tient sous les ceps pendant qu'on les frappe d'une baguette. Comme il est très-méfiant, pour le surprendre sûrement, il faut éviter, avant que la planchette ne soit placée, de projeter de l'ombre sur les endroits d'où on veut les chasser.

L'ATTELABE qu'on désigne aussi sous les noms de : *lisette* et de *rouleur* est un insecte de cinq à six millimètres de longueur, vert-doré, velouté et brillant; c'est au mois de mai qu'il apparaît, au moment où la vigne peut lui donner de quoi se nourrir et faire ses pontes. C'est à cette époque que les femelles roulent les feuilles de la vigne comme des cigarettes, après y avoir déposé leurs œufs, pour les y renfermer. Il y a des années où l'Attelabe abonde tellement, que la moitié des feuilles en sont roulées et que beaucoup de grappes se dessèchent, par suite de piqûres pratiquées sur leur pédoncule.

Pour combattre cet ennemi, il faut de temps en temps, ramasser les feuille roulées, avant l'éclosion des larves, et les faires brûler; on en détruit ainsi des quantités innombrables qui feraient des ravages l'année suivante.

LA PYRALE est une petite chenille longue de 12 à 14 millimètres qui désole quelquefois certains vignobles. Elle ronge les feuilles, coupe leur pétiole, lacère le pédoncule et l'épiderme de la grappe. La partie endommagée se dessèche peu à peu, et la chenille y étend plusieurs fils blancs et soyeux pour y faire son logement parmi les fleurs et les fruits à peine noués. Elle ne sort de cette retraite qu'après le soleil couché, quelquefois dans le jour, quand le temps est très-sombre. Vers le mois de juillet, elle se met en chrysalide. Quinze jours après cette transformation, elle devient un petit papillon nocturne qui dépose ses œufs dans les fibres corticales des ceps, d'où sort la chenille au printemps suivant.

Pour arrêter la multiplication de cette chenille, on doit la chercher dans ses retraites pour la détruire et, à l'automne, enlever et brûler les vieilles écorces des ceps. Il y a des pays où on badigeonne la vigne à l'eau bouillante ; c'est un excellent moyen de se débarrasser des œufs.

DES SOINS A DONNER AUX PRODUITS D'UN VIGNOBLE

—

CHAPITRE PREMIER

—

DE LA VENDANGE ET DE LA MISE EN FUTS DES VINS ROUGES

De toutes les opérations qu'exige la culture de la vigne, la cueillette des raisins est, sans contredit, la plus importante; malheureusement, dans bien des localités, elle est mal faite. On doit surtout s'attacher à faire des vins sans verdeur et, pour cela, ne laisser porter à la cuve que des raisins parfaitement mûrs.

Tous les cépages cultivés dans la Gironde ne mûrissent pas à la même époque; il y a un écart d'au moins quinze jours entre la maturité des plus hâtifs, comme le *malbec* et le *merlot,* et la maturité des plus tardifs, comme le *verdot.* Les raisins d'un même pied peuvent même ne pas être mûrs tous à la fois; c'est au propriétaire ou à son homme de confiance à surveiller ses vendanges et à ordonner plusieurs tries, si cela est nécessaire.

L'effeuillage avant les vendanges est une bonne chose; il favorise la maturité et rend le raisin visible; la cueillette, alors, devient plus facile. Il ne doit se faire que quand les raisins sont presque mûrs; il est surtout utile, quand la maturité tardive fait craindre qu'elle ne se fasse incomplètement.

On reconnaît la maturité des raisins à la couleur des graines et à leur goût franchement sucré. Si le raisin n'est pas mûr, les graines sont

15

peu foncées et ont un goût aigrelet; récolté dans cet état, il produit un vin désagréable par sa verdeur et d'une couleur peu vive.

Il y a également péril à vendanger avec un excès de maturité; car, dans ce cas, la pellicule se trouve presque détruite, et, comme c'est elle qui donne la couleur, les vins sont moins corsés et moins noirs et leur goût est moins franc.

L'époque des vendanges varie, selon la température moyenne de l'année. Dans les années les plus favorables, elles peuvent commencer vers le 15 septembre, et dans les années tardives, ne commercer que dans les premiers jours d'octobre.

Le Médoc étant par excellence le pays des vins rouges, nous allons décrire la manière dont s'y font les vendanges ; nous parlerons ensuite des moyens employés dans quelques autres localités.

Quelques jours avant l'ouverture des vendanges en Médoc, on prépare les vaisseaux vinaires; on nettoie les bastes, les douils, les cuves et les pressoirs, et on les abreuve d'eau bien propre, pour faire gonfler les bois et les rendre étanches. La veille de leur chargement, les cuves sont lavées à plusieurs eaux et bien épongées; au moment où la vendange va y être introduite, elles sont imbibées avec quelques litres de bonne eau-de-vie.

On place dans le trou d'écoulage de chaque cuve une canelle en bois appelée *jau*, que l'on fixe solidement; quelques propriétaires mettent au lieu du *jau* une bonde, placée de l'intérieur, qui est refoulée de l'extérieur, quand on enfonce le robinet pour l'écoulage; cette bonde est attachée à une corde fixée au haut de la cuve et qui sert à la retirer.

Pour éviter que la râpe ne vienne obstruer l'ouverture du robinet, on met intérieurement, au-devant du trou, un grillage en fer galvanisé, un paillon, ou simplement un balai de brande; on maintient ces divers objets, au moyen de clous ou de grosses pierres.

Quand les vendanges sont commencées on les pousse avec vigueur; car les cuves ne doivent pas mettre plus de deux jours à se remplir. On se procure pour cela de nombreux ouvriers qui viennent, amenés par des *chefs de troupe*, quelquefois d'assez loin.

On dispose les vendangeurs de la manière suivante : à chaque rang de vigne est placé un *coupeur*, qui, le plus souvent est une femme, un enfant ou un vieillard; ce coupeur cueille les raisins dans un panier de bois ou un bastot. Toutes les douze ou quinze règes, un *chef de manœuvre* hâte la marche des coupeurs; veille à ce qu'ils ne laissent pas de raisins mûrs sur pied, à ce qu'ils ne prennent que ce qui est mûr, à ce qu'ils ramassent les graines et ne laissent pas de feuilles dans les paniers. Il veille également à ce que le vide-paniers fasse son devoir.

Le *vide-paniers* enlève aux coupeurs leurs paniers pleins pour leur en donner de vides à la place; il les porte et les déverse dans une baste.

Le *faiseur de bastes* foule les raisins dans la baste, sans trop les écraser; il aide à charger les *porteurs de bastes* qui vont les vider dans les *douils* placés sur les charrettes.

Les bastes sont de la contenance de 24 litres environ; chaque douil contient à peu près 32 bastes; chaque charrette porte deux douils qu'on appelle *charge*.

Sur quelques vignobles, on remplace les porte-bastes et les vide-paniers par des *porte-hottes* qui reçoivent directement, de la main des coupeurs le contenu de leurs paniers qu'ils vont vider dans les douils. Les porte-hottes enlèvent la vendange de trois, quatre ou cinq rangs selon l'abondance de la récolte.

Les douils sont portés directement au cuvier et vidés dans l'égrappoir. L'égrappoir est un grillage horizontal en fer ou en bois, entouré d'un cadre de 0m20 de hauteur environ et monté sur quatre pieds de 0m80 d'élévation; ce grillage a environ une surface de quatre mètres carrés. Le douil vidé dans l'égrappoir, on secoue les grappes avec des râteaux de bois; les graines détachées traversent le grillage et tombent dans une maie d'où on les fait passer dans les cuves, tandis que les rafles restent sur le grillage.

Il y a également des égrappoirs mécaniques composés d'une trémie dans laquelle on verse les raisins et d'un cylindre à claire-voie qu'on met en mouvement au moyen d'un volant. Le mouvement de rotation de la machine fait tomber les raisins dans le cylindre; les graines se détachent de la rafle, traversent la claire-voie et tombent sous le cylindre, tandis que les rafles vont tomber à son extrémité.

Dans les cuviers modernes, un plancher est établi au niveau de l'orifice des cuves. Il y a, sur ce plancher, un chemin de fer qui sert à la circulation des pressoirs mobiles ou des wagonnets qui portent la vendange à chaque cuve. Dans ces cuviers, les douils sont enlevés des charrettes au moyen d'une grue qui les monte et les dépose sur les wagonnets. Chaque cuve en charge a intérieurement, près de son orifice, un grillage qui sert d'égrappoir dans lequel on vide les douils; on secoue la vendange, les graines tombent dans l'intérieur, tandis que les rafles restent sur le grillage.

Sur les grandes propriétés du Médoc, on ne foule pas la vendange, ce qui diminue la quantité du premier vin. Les petits propriétaires qui ne font qu'un vin foulent généralement en mettant en cuve. Des machines ont été inventées pour cette opération; la meilleure, à notre avis, ne vaut pas le foulage à pieds d'hommes; dans le foulage à pieds d'hommes, ni les graines de verjus, ni les pepins ne risquent d'être écrasés, ce qui est important; généralement on n'emploie pas d'autre procédé en Médoc.

La plupart des cuves des crûs classés et même des crûs bourgeois, sont à couvercle hermétique surmonté d'un syphon qui laisse échapper les gaz produits par la fermentation. Ces couvercles ont l'avantage d'éviter l'évaporation de l'alcool; ils permettent, en outre, de laisser le vin plus longtemps en contact avec le marc sans risquer de se piquer.

Il existe aussi des cuves munies d'un grillage intérieur pour maintenir le marc complètement immergé dans le moût. Le contact permanent de toutes les pellicules avec le moût, a la propriété, d'après certains praticiens, de donner plus de force et de couleur au vin. Ce grillage est établi de manière à ce que le marc, la cuve étant chargée, soit recouvert au moins de 0^{m}25 de liquide.

On laisse aux cuves fermées un vide de près de 0^{m}50 pour que la dilatation du marc ne force pas le couvercle; celles qui ont un grillage pour maintenir le marc enfoncé n'ont pas besoin d'un si grand vide. Pour les cuves ouvertes on aplanit le marc et on les recouvre d'une bonne couche de paille; quelques propriétaires les recouvrent de rafles; ce procédé est mauvais, parce que cette rafle s'échauffe, aigrit et communique son acidité au marc, au lieu de l'en garantir.

La durée de la fermentation n'a pas de règle fixe; elle est modifiée : par le degré de maturité de la vendange, par la chaleur du moût et par la température du cuvier. Les cuves ouvertes ont la fermentation plus active que celles qui sont fermées. Certaines années, les vins sont faits dans cinq à six jours; quelquefois il en faut le double.

Il est imprudent de laisser le vin en cuve trop longtemps dans les cuves ouvertes, le chapeau du marc qui surnage est toujours un peu aigre, il s'enfonce quand la fermentation cesse et peut donner au vin un germe de piqûre qui ne manquerait pas de se développer plus tard. Les cuves qui ont un grillage intérieur pour tenir le marc submergé peuvent rester chargées sans danger plus d'un mois.

On reconnaît que le vin est bon à décuver : 1° au goût avec un peu de pratique; 2° à la cessation de la fermentation tumultueuse; 3° à la limpidité et à la température peu élevée du vin; 4° enfin à la densité *zéro* accusée par le gleuco-œnomètre.

Deux ou trois jours avant de commencer le décuvage, on prépare les barriques. Généralement on les échaude, et nous recommandons de ne le faire qu'avec des eaux bien pures, exemptes de tout goût qui s'imprégnerait au bois, pour plus tard, se communiquer au vin. On ne laisse séjourner l'eau de l'échaudage dans le fût que très-peu de temps, demi-heure au plus, et on la remplace avec de l'eau fraîche. La veille du décuvage on rince bien les barriques et on les met à égoutter; dans beaucoup de domaines on les abreuve avec un verre de bonne eau-de-vie avant de les mettre en place.

Dans les crûs importants, on fait deux ou trois espèces de vins. Le premier n'est composé qu'avec le vin fin des cuves; le second est le produit des fonds de cuves auquel on ajoute le vin provenant de vignes mal situées ou mal encépagées; enfin le troisième est le vin de presse qu'on soigne à part, soit pour le servir aux ouvriers, soit pour le mélanger plus tard avec le second vin, quand il est bien dépouillé.

Lorsqu'on écoule une cuve, on met sous le robinet un tamis en fil de fer, pour empêcher les pepins de tomber dans la *gargouille*. La gargouille est un récipient placé sous la cuve, de la contenance de trois hectolitres environ; on y puise pour remplir les gages avec lesquels on porte le vin aux barriques. On veille sur le robinet et on le ferme, dès que le vin devient louche; quand le premier vin est tout enlevé, on l'ouvre de nouveau pour faire la part du second vin.

Le marc sorti de la cuve est porté au pressoir dans un cylindre vertical à claire-voie, dans lequel il est pressé au moyen d'une vis en fer muni d'un appareil spécial. Les presses à vin sont trop connues pour que nous en fassions une description. Une des meilleures est, sans contredit, la presse à levier multiple de Mabille frères, à Amboise (Indre-et-Loire).

Le plus ordinairement on pratique le coupage des vins en les écoulant. Pour cela, on fait le relevé général de toutes les charges mises en cuve. Chaque charge donnant environ 425 litres, on connaît approximativement la quantité qu'on a à mettre en fûts. On met sur tins le nombre de barriques nécessaires pour loger la récolte entière, et, en écoulant chaque cuve, on répartit le vin qu'elle contient en quantité égale dans chaque barrique. Cette quantité est facile à connaître, en divisant le nombre approximatif de litres de liquide que contient chaque cuve, par la quantité de barriques qu'on espère remplir.

Quelques propriétaires ne font les coupages que lorsque les écoulages sont terminés. Dans ce cas, le vin de chaque cuve est mis dans des barriques qu'on marque d'une lettre ou d'un numéro. Quand toutes les cuves sont écoulées et qu'on connaît la quantité exacte de barriques produite par chacune d'elles, il ne reste qu'à passer dans une cuve d'opération, ou dans un foudre, une quantité proportionnelle de barriques de chaque numéro ou de chaque marque, et on obtient une égalisation parfaite; on désigne sous le nom de *cuvée* ou de *foudrée* le mélange entier passé dans la cuve ou dans le foudre d'opération. Nous allons éclaircir notre raisonnement par un exemple.

Supposons une récolte de 237 barriques écoulées de six cuves. La cuve dans laquelle doit se faire l'égalisation peut contenir 50 barriques ; il faudra, en conséquence, cinq cuvées pour toute l'opération et chaque cuvée recevra le cinquième de chaque numéro de vin. Si l'on ne veut pas avoir de fraction de barrique; on commence par faire une petite cuvée de ce qui, dans chaque numéro, est indivisible par 5 :

Cuve A donne	44	barriques dont le cinquième est	8	reste	4	barriques.
— B —	44	—	—	—	8	—	4	—
— C —	52	—	—	—	10	—	2	—
— D —	35	—	—	—	7	—	»	—
— E —	38	—	—	—	7	—	3	—
— F —	24	—	—	—	4	—	4	—
Totaux.....	237				44		17	

Par le tableau ci-dessus, on voit que les diverses fractions des barriques de chaque cuve non divisibles par 5 est de 17 barriques; on commence par en faire une petite cuvée et on met la marque G sur les barriques en provenant.

Cette petite cuvée, pour égaliser les fractions, étant faite, l'opération générale est ensuite, on le comprend, des plus simples; on a 5 cuvées à faire; dans chacune d'elles on met des marques : A, huit barriques; B, huit barriques; C, dix barriques; D, sept barriques; E, sept barriques; F, quatre barriques, et enfin trois barriques de la marque G; soit dans chaque cuvée un total de 47 barriques; on écoule ce vin quand le mélange est fait, et on met les barriques en place définitive. Il reste à la fin de l'opération 2 barriques de la marque G qui servent à faire le plein ou à ouiller.

Avant de commencer l'égalisation, on doit goûter toutes les barriques et mettre de côté celles qui seraient défectueuses. Si, parmi les bonnes, il s'en trouvait qui eussent une nuance de différence de goût, de limpidité ou de couleur avec les autres barriques de la même marque, on les prendrait de préférence, s'il y avait des fractions à sortir, pour faire la cuvée supplémentaire G.

Cette seconde manière d'égaliser les vins est plus coûteuse que la première; mais elle est moins sujette à des erreurs et est bien plus parfaite.

En dehors du Médoc, la manière de procéder à la cueillette varie selon les usages des localités. Dans les vignes hautes, palissées au fil de fer, les porte-hottes ou les vide-paniers ne peuvent enjamber les rangs de vignes; il faut en conséquence employer d'autres moyens; ces moyens sont multiples; au propriétaire à voir celui qui peut le mieux s'harmoniser au personnel et au matériel dont il dispose. Nous ne ferons que recommander d'observer les pratiques du Médoc pour le triage des raisins.

Dans les bonnes graves du Bordelais, dans les bons crûs du Saint-Emilionnais, ainsi que dans certains vignobles disséminés dans le département, on emploie pour charger les cuves, pour la cuvaison et l'écoulage à peu près les mêmes procédés qu'en Médoc; la seule différence est qu'on supprime peut-être moins de rafle.

A Saint-Macaire et dans les environs, on foule le vin en cuve à la *pantalonne*. Ce procédé consiste à enfoncer le marc dans le vin, matin et soir, pendant toute la durée de la fermentation. Les ouvriers du pays ont l'adresse de faire chavirer le marc dans la cuve en l'enfonçant. Ce procédé a l'avantage, s'il est bien exécuté, de faire subir à toutes les parties du marc les influences de la fermentation et de l'empêcher de s'aigrir; il a le désavantage de laisser évaporer, chaque fois que le foulage a lieu, une certaine quantité d'alcool; aussi, préférerions-nous l'immersion du marc dans le vin au moyen d'un grillage avec couverture de la cuve; cette couverture ne serait-elle que de toile cirée.

Il y a des localités dans la Gironde où on érâpe très-peu; d'autres où on ne le fait pas du tout. Sans être partisan d'un érâpage exagéré, notre opinion est que, dans bien des cas, cette opération est indispensable. L'expérience nous a confirmé que la rafle mise dans la cuve donne au vin plus de couleur; qu'elle facilite la transformation des parties sucrées des moûts en alcool, quand il y a excès de maturité. Nous croyons donc devoir conseiller de n'enlever qu'un tiers des rafles environ, les années de grande maturité, et d'en enlever les deux tiers, les années où la maturité laisse à désirer.

CHAPITRE II

—

DE LA VENDANGE ET DE LA MISE EN FUTS DES VINS BLANCS

La réputation des vins du Sauternais est due autant aux soins qui sont apportés à la vinification, qu'à la nature du sol et des cépages qu'on y cultive. Ces cépages sont le *sémillion* pour près des deux tiers, le *sauvignon* pour un autre tiers ; les autres espèces y sont en très-petite quantité.

Pour arriver à une maturation plus parfaite et pour faciliter les triages, on met, en effeuillant, les raisins complètement à nu. Cette opération se fait en deux ou trois fois ; on commence vers le mois d'août, par enlever les feuilles intérieures des ceps ; on enlève ensuite celles du levant et du nord et enfin, quand le raisin est bien mûr, on enlève le reste.

L'époque des vendanges varie selon les années ; elles sont beaucoup plus tardives qu'en Médoc ; on les fait par des triages successifs dont le nombre s'élève quelquefois jusqu'à huit.

Pour obtenir le moelleux et l'onctueux qui caractérisent les grands vins de Sauternes, il ne suffit pas que le raisin soit bien mûr et bien doré ; il faut, qu'après une maturité parfaite, il pourrisse en partie et que, par l'effet du soleil, son contenu aqueux se réduise quelquefois de moitié. De plus, on ne vendange que quand les raisins sont bien secs ; le matin on ne commence que lorsque la rosée est tombée, et on suspend le travail dès que la moindre pluie survient.

Il est bien difficile de désigner au juste le moment le plus opportun pour bien réussir la cueillette; c'est un jeu où le plus intelligent peut se tromper. Si on fait une trie, dès que quelques graines de chaque cep sont bonnes à cueillir, non-seulement on risque, en les prenant, de détériorer les graines voisines, mais encore on arrête sur le reste de la grappe, la marche de la pourriture que le contact des graines qu'on supprime ne manquerait pas de développer. Cette pourriture est nécessaire pour que le soleil puisse compléter son œuvre et donner au fruit le degré voulu de rôti. D'un autre côté, à trop attendre, on risque d'être surpris par la pluie, qui porte un grand préjudice aux graines rôties, en faisant couler leur sirop.

Il faut être du pays ou habitué à la pratique des vendanges, pour comprendre la nécessité de laisser pourrir et rôtir les raisins sur pied, si on veut obtenir de grands vins, au risque de voir anéantir une récolte qui donne quelquefois, en primeur, les plus belles espérances.

Quand on juge que le moment de la cueillette est venu, les vendangeurs armés de petits sécateurs bien effilés suivent les rangs de vigne, pour détacher soigneusement, soit des graines séparées, soit des baies dont toutes les graines sont suffisamment mûres, soit enfin les raisins entiers, s'ils sont bons à cueillir.

Les vendangeurs portent eux-mêmes et vident dans la baste le contenu de leurs paniers, en présence du *faiseur de bastes,* qui foule cette vendange à mesure, tout en l'examinant, et fait, s'il y a lieu, des observations à l'ouvrier.

Sauf dans les dernières tries, on ne cueille que des graines rôties ou au moins bien pourries, et si par mégarde, on fait tomber des graines vertes, on les met soigneusement sous le cep, sur une feuille de vigne, jusqu'à la trie suivante, pour qu'elles se dessèchent. Il faut veiller aussi à ne mettre dans les paniers que des graines saines et d'un *bon pourri,* comme on dit à Sauternes; les graines avariées par les vers, qui sont quelquefois très-nombreuses, sont jetées, ainsi que les graines grillées avant maturité.

La première trie est ordinairement peu importante; elle se fait généralement vers la fin de septembre, pour cueillir les raisins pourris de bonne heure qui perdraient à attendre les grandes tries; on en profite pour débarrasser les ceps de tous les raisins attaqués par les vers dont le contact feraient gâter ceux qui les avoisinent. On fait ensuite, en octobre, au moins deux grandes tries dans lesquelles on ne prend que des raisins bien pourris ou rôtis; ces deux tries se font ordinairement l'une après l'autre, sans intervalle; puis s'il reste encore sur pied beaucoup de jolis raisins et si la saison est peu avancée, on suspend les vendanges huit ou dix jours; si, au contraire, la saison est avancée et si les gelées blanches ont fait leur apparition, on pratique l'avant-dernière trie dans laquelle on coupe tous les raisins mûrs, pourris ou non, ne laissant que les échaudés et, immédiatement après, on récolte ces derniers.

Le matériel des vendanges, à Sauternes, est à peu près le même qu'en Médoc, à l'exception des cuves qui y sont inutiles; les bastes y sont aussi plus grandes et portées par deux hommes au moyen d'une barre transversale; il y a des propriétaires qui s'en servent pour porter la vendange aux pressoirs, sans se servir des douils.

Les pressoirs sont en général vastes et solidement établis. Il n'est pas de pays où les presses soient plus puissantes; les vis en fer de 0^m12 à 0^m13 de diamètre, munies de leurs appareils perfectionnés, n'y sont pas rares, ce qui donne une idée de la pression qu'on exerce sur les marcs. Il ne faut pas croire cependant que le moût qui en découle soit mauvais; au contraire, quand on agit sur les marcs des vins de tête, les derniers moûts retirés ont généralement plus de densité que l'ensemble déjà écoulé. Il est juste cependant de dire que, sur les derniers raisins où il y a une certaine quantité de rafles, on obtiendrait avec une trop forte pression des moûts détestables.

Le travail du pressurage ne se fait généralement que le soir. Dès que le moût est suffisamment égoûté, on foule la vendange à pieds d'hommes; cette opération se continue jusqu'à ce que toutes les graines soient bien écrasées, puis on forme le marc.

Le marc se fait en réunissant la vendange, au centre du pressoir; on le recouvre d'un petit plancher portatif et on serre l'appareil de la vis. Il est presque toujours difficile de former le marc à la première pressée. Dès qu'il a une certaine consistance, on le *coupe*. Couper un marc c'est lui tailler les bords avec un outil spécial appelé *marcus*. On remet la partie retranchée sur le marc pour le presser de nouveau.

Règle générale : un marc du Sauternais est, le premier jour, pressé trois fois et coupé deux fois; le second jour, coupé et pressé le matin, à midi et le soir, c'est-à-dire trois fois; le troisième jour, si la vendange est très-grasse, il est coupé encore deux fois, mais si elle est maigre, on enlève le marc pour débarrasser le pressoir.

Pendant que le personnel des pressoirs fait sa besogne, le maître de chai et ses hommes répartissent les moûts écoulés dans les barriques préparées dans ce but. Les barriques neuves sont échaudées, tous les jours, en quantité nécessaire ; elles sont ensuite rincées à l'eau fraîche, égouttées et abreuvées, quelques instants avant d'être mises en place, d'un demi-litre de bon armagnac.

Dans les grands crûs, quelque soit le nombre de rangs contenus dans la largeur du chai, on les mène de front, jour par jour. La tête du chai est d'un bout ; c'est par là qu'on commence. S'il y a six rangs et qu'on vendange six barriques, on en place une à chaque rang ; si on en vendange davantage, on recommence la série des six, qu'on complète le lendemain, avant d'en recommencer une autre ; on observe aussi de commencer les séries, une fois par la droite et l'autre fois par la gauche des rangs ; on procède de la sorte jusqu'à la fin des vendanges ; c'est ce qui explique la parfaite conformité des rangs d'un même chai.

Pour égaliser les moûts de chaque jour, on a soin de ne pas remplir les barriques complètement d'un coup ; on commence par y mettre une baste, quelquefois deux, et on repasse ensuite, baste par baste, jusqu'à ce qu'elles sont pleines. En remplissant les bastes, on passe les moûts, dans un tamis en fil de fer, qui retient les pellicules et les pepins.

On désigne par *crème* ou *extra-tête*, les barriques très-liquoreuses des bonnes années, comme 1861, 1865, 1869 et 1874 ; par *tête*, les barriques liquoreuses de la tête des rangs ; par *centre*, les bonnes barriques du milieu, et enfin par *queue*, les barriques de l'extrémité des rangs, c'est-à-dire les dernières vendangées qui sont le produit des raisins non pourris ou échaudés.

La première trie, faite en septembre, produit souvent les meilleures barriques ; mais quelquefois c'est dans la seconde qu'elles se rencontrent. Il arrive souvent que, commençant une trie deux ou trois jours seulement après la pluie, les moûts n'ont pas la densité qu'ils obtiennent deux ou trois jours après, si la chaleur persiste ; ce qui fait que les meilleures barriques sont assez éloignées de la tête. Autrefois, on les laissait à leur place de naissance ; mais, aujourd'hui, il est de règle, presque partout, qu'au premier soutirage on les mette dans chaque rang par ordre de mérite, ce qui est mieux pour la dégustation.

Bien des gens se figurent que les vins liquoreux de Sauternes sont sucrés artificiellement ; c'est une grosse erreur et nous osons même croire que pas un propriétaire n'en a même eu l'idée. Dans les années où la maturité du raisin ne laisse rien à désirer, si, pour faire la cueillette, où est favorisé par un temps convenable, on obtient des moûts d'une densité très-élevée. En 1865, étant gérant du domaine de la Tour-Blanche, premier crû de Sauternes, nous fûmes obligé de faire vendanger, dans des conditions exceptionnelles, douze barriques dont le moût varia entre 25 et 28 degrés de densité, au pèse-sirop de Baumé. Vers la mi-septembre, tous les raisins étaient parsemés de graines qui s'étaient desséchées comme des raisins de Corinthe, tandis que le reste de la grappe n'avait nulle apparence de vouloir entrer dans la phase de la pourriture ; il fallait recueillir ces graines desséchées, sous peine de les perdre, et cela avec beaucoup de précautions pour ne pas nuire aux graines avoisinantes.

Nous nous hâtons de le dire, il n'est pas nécessaire d'obtenir des moûts d'une telle densité pour avoir des vins irréprochables. La récolte de 1869 peut être considérée comme un des types parfaits de grande année ; nous donnons, ci-dessous, les résultats de cette récolte à la Tour-Blanche, comme quantité et comme poids spécifique des moûts.

NOMBRE DE BARRIQUES	DEGRÉS DE LIQUEUR DU MOUT	TOTAUX DES DEGRÉS DE LIQUEUR
5 barriques.	26 degrés.	130 degrés.
3 »	25 »	75 »
9 »	24 »	216 »
6 »	23 »	138 »
10 »	22 »	220 »
11 »	21 »	231 »
9 »	20 »	180 »
40 »	18 »	720 »
35 »	17 »	595 »
10 »	16 »	160 »
4 »	12 »	48 »
142 barriques.		2713 degrés.

On voit par ce tableau que la moyenne des moûts atteignit 19 degrés et quelques centièmes; ceux qui donnèrent les vins les plus parfaits furent ceux de 20, 21 et 22 degrés; au-dessus de cette densité, la fermentation fut plus longue à s'établir, elle se fit péniblement, les vins qui en résultèrent furent trop liquoreux; ils manquèrent de finesse et d'onctueux.

Dans les mauvaises années, la moyenne des moûts ne dépasse pas 12 degrés de densité; quelques barriques montent à 14, 15 et 16, mais elles sont peu nombreuses; il y en a qui descendent à 11 et même 10 degrés. Quand la moyenne des moûts atteint 14 degrés, les vins peuvent être bons; quand elle atteint 16 degrés, ils peuvent être excellents, si le fond de la maturité est bonne.

La densité des moûts joue un grand rôle dans la qualité des vins, mais la maturité plus ou moins parfaite, mêlée au rôti, joue le sien aussi. Les raisins d'une année dont la maturité ne laisse rien à désirer peuvent, par des raisons climatériques ou météorologiques survenues au moment de la cueillette, perdre 2 et 3 degrés de la densité qu'ils eussent obtenue avec un temps normal; tandis que des raisins dont la maturité laisse beaucoup à désirer, par suite de la température de l'année, peuvent, sous l'influence d'un automne très-chaud, pendant la durée de la cueillette, faire des moûts qui dépassent, de 2 et 3 degrés, ceux qu'ils eussent obtenus en temps normal. Il va sans dire qu'avec le même degré, les premiers feront des vins sensiblement meilleurs et qui gagneront dans la suite, tandis que les derniers ne produiront que des vins passables, quelquefois bons au début, mais qui seront sans avenir. Il faut donc, pour être bien fixé sur la qualité d'une récolte, en avoir connu et suivi toutes les phases et faire la part des influences exceptionnelles qui peuvent momentanément la flatter ou lui nuire.

Il nous reste peu de chose à dire sur les vins blancs secondaires à cépages fins; leur cueillette se fait avec plus ou moins de soin. Il y a des localités où, malgré leur bas prix, on les vendange presque avec autant de soin qu'à Sauternes; mais il y a aussi des localités où on obtiendrait plus de qualité si on vendangeait mieux. La manœuvre du cuvier est à peu près la même partout.

Quelques propriétaires obtiennent avec le raisin d'enrageat, vendangé en plusieurs tries et en le laissant pourrir, de très-bons petits vins, estimés à cause de leur prix modeste.

Les vins blancs de l'Entre-deux-Mers, de la Benauge, du Fronsadais, du Bourgeais et du Blayais, sont pour la plupart des vins pour
la chaudière ou des vins d'opérations. On vendange les raisins aussi
mûrs que l'on peut, en une fois, et sans trop attendre qu'ils soient
pourris. Partout, la vendange blanche est passée au pressoir et les
moûts mis en fûts, ou en foudres immédiatement. Dans quelques localités, pour qu'ils soient plus tôt limpides, on les fait *lever* avant de les
mettre en fûts; cette opération consiste à mettre les moûts de la journée dans une cuve, où on les veille, pour les écouler quelques heures
après, juste au moment où la fermentation s'établit. Toute la lie monte
alors en écume à la surface, tandis que le reste du liquide est à peu
près limpide. La limpidité ne dure que quelques instants; c'est pourquoi il ne faut pas perdre le moût de vue pour réussir l'opération.

CHAPITRE III

—

DES SOINS A DONNER AUX VINS ROUGES

Les chais destinés à recevoir les vins doivent être suffisamment préservés des influences atmosphériques, pour que leur température soit à l'abri des brusques variations et se conserve, en tout temps, à peu près uniforme. On évite ainsi les divers mouvements de contraction et de dilatation du liquide nuisibles à la bonne conservation du vin. Quand la température s'abaisse, le vin se contracte; quand elle s'élève, il se dilate. Le mouvement de contraction, s'il ne se produit pas brusquement, est dans la plupart des cas, favorable à la défécation des lies; mais il offre l'inconvénient de produire un espace vide dans les fûts; le bois sèche et peut s'acidifier; le mouvement de dilatation offre l'inconvénient, si les barriques sont pleines, de faire déborder le liquide qui se perd; si la bonde est solide ou les vins bonde de côté, la pression exercée contre les parois intérieurs peut occasionner des fuites; de plus, cette dilatation peut faire remonter les lies déjà déposées, ce qui nuit à la limpidité du vin, en altère le bouquet, et le prédispose aux fermentations secondaires.

Il y a beaucoup de chais qui réunissent les conditions voulues pour un bon emmagasinage des vins, dont on ne tire pas profit. Pour la moindre opération, on les ouvre à tous les vents, ce qui change brusquement les conditions de l'air intérieur, chose qu'il serait si simple d'éviter en faisant le travail à la lumière, le chai fermé. Bien des chais, au contraire, se trouvent dans de mauvaises conditions; ils sont sujets à toutes les influences de l'air extérieur il est bien difficile alors, sans une surveillance assidue et des soutirages fréquents, de préserver les vins des accidents ou des altérations qui peuvent l'atteindre.

L'intérieur des chais doit être garni de *tins* qui sont ou mobiles ou à demeure. Ces tins sont le plus souvent des pièces de bois de diverses essences ayant 0ᵐ15 à 0ᵐ20 de hauteur sur 0ᵐ10 environ d'épaisseur, reliées entre elles, deux à deux, au moyen de barreaux qui les maintiennent à un écartement de 0ᵐ67 de dehors en dehors; ils sont destinés à recevoir les fûts pour les garantir contre l'humidité et faciliter le soutirage des vins. Ces tins peuvent être bâtis à demeure, en pierre ou autres matériaux convenables.

Dans les chais des commerçants, où il existe des partis de vins nombreux, les tins sont placés dans le sens transversal; mais à la campagne où chaque récolte est égalisée et où par conséquent les partis sont peu nombreux, on les met dans le sens longitudinal.

Afin que la manœuvre d'un chai soit facile, il faut que les allées entre les rangs des barriques soient de 1ᵐ20 de largeur pour permettre d'y rouler et d'y faire pivoter les fûts. La barrique bordelaise n'a que 0ᵐ92 environ de longueur, mais on compte un mètre pour chaque rang, à cause de l'espace laissé libre le long des murs et entre les rangs du milieu, qui sont bout à bout. Par conséquent, pour recevoir quatre rangs de barriques, le chai doit avoir six mètres quarante centimètres de large et pour recevoir six rangs, il doit avoir neuf mètres soixante centimètres. Avec ces dimensions, toutes les manœuvres se font à l'aise et économiquement. Dans les chais déjà bâtis, il faut bien s'ingénier le mieux que l'on peut, mais quand on les fait bâtir, on a profit à tout combiner convenablement.

En Médoc, dès que les barriques sont remplies, on les garnit d'une *bonde;* cette bonde est un bouchon légèrement conique, en bois de chêne tourné, ayant de 0ᵐ08 à 0ᵐ10 de longueur, ce qui permet de l'enlever facilement; les verreries font aujourd'hui des bondes plus faciles à maintenir en bon état de propreté.

Le premier mois, on doit *ouiller* les vins deux fois par semaine et les bonder légèrement. On appelle ouiller, remplir jusqu'au trou de la bonde le vide de la barrique produit par l'évaporation du vin. A compter du second mois, si le chai est bien clos, on n'ouille plus que tous les huit jours, et on force un peu plus la bonde.

16

Le *soutirage* est une opération qui consiste à transvaser le vin fin d'une barrique dans une autre, bien lavée, bien égouttée et dans laquelle on brûle un petit morceau de mèche soufrée. Cette opération est nécessaire afin de séparer le vin fin, des lies qui se déposent au fond des fûts ; ces lies peuvent remonter dans le vin et provoquer des fermentations nuisibles à sa conservation. Les soutirages doivent se faire de temps en temps, comme nous le verrons dans la suite, et, autant que possible, en temps calme et sec, la lune étant sur son déclin.

Les systèmes de soutirages sont nombreux ; le meilleur est sans contredit le soutirage au robinet avec cuir de sole et soufflet ; c'est le moyen le plus sûr de transvaser, sans soulever les lies, tout le vin fin d'une barrique dans une autre, en ne laissant que la lie dans celle que l'on vide. Ce soutirage est trop connu pour que nous en fassions la description ; tous les tonneliers de la campagne le connaissent. Nous ne conseillons l'emploi des pompes à soutirer que pour transvaser les vins bien limpides.

Beaucoup de propriétaires ne font le premier soutirage des vins nouveaux qu'au mois de mars ; nous sommes d'avis qu'un soutirage en décembre, quand les premiers froids ont précipité les lies, est avantageux ; c'est d'ailleurs l'usage des chais bien soignés de la Gironde. Après ce soutirage, on supprime les bondes longues pour mettre des bondes courtes garnies de linge ; après chaque ouillage, on remet les bondes et on les frappe légèrement.

Avant la pousse de la vigne, au mois de mars, on fait un deuxième soutirage ; à l'époque de la floraison, en juin, on en fait un troisième, et enfin, en septembre, on fait le quatrième ; jusqu'à ce quatrième soutirage, les vins sont laissés sur bonde et ouillés régulièrement tous les huit jours. Après le quatrième soutirage, on arrime les vins *bonde de côté*, et on n'a plus à s'occuper de les ouiller.

La deuxième année, on fait trois soutirage, en mars, en juin et vers la fin de septembre. A compter de la troisième année, deux soutirages par an sont suffisants ; on les fait en mars et en septembre.

Les soutirages que nous venons d'indiquer ne s'appliquent qu'aux vins réussis, qui sont bien limpides, qui ne travaillent pas, et que l'on conserve dans des chais bien clos. Les vins mal soignés, devenus malades, ont besoin de soins spéciaux, de collages et de soutirages extraordinaires que nous ne pouvons guère spécifier, sans sortir du cadre de notre travail.

Il faut s'assurer, de temps en temps, que les vins mis bonde de côté ne sont pas en fermentation, ce qui serait extraordinaire pour des vins bien soignés dès le principe. Pour le reconnaître, on fait sur un fond de barrique un trou de vrille; si le vin n'en sort pas, et si l'air entre dans le fût avec un certain glouglou, c'est un signe que le vin est calme; si au contraire le vin s'échappait vivement par le trou pratiqué, il faudrait se hâter de faire un soutirage, en brûlant un peu plus de mèche soufrée dans les fûts qu'à l'ordinaire; s'il y avait lieu, on ferait un soutirage de plus dans le courant de l'année.

Quand les vins n'ont pas de travail, on brûle peu de soufre dans les barriques lors du soutirage, parce que l'acide sulfureux, produit de la combustion de la mèche soufrée, est un décolorant; aux vins jeunes, deux centimètres de mèche suffisent largement, les vins vieux en exigent moins encore.

Les vins destinés à être mis en bouteilles doivent recevoir un collage énergique, au début de leur troisième année de barrique. On appelle *coller* ou *fouetter* un vin, y mélanger un clarifiant qui agit mécaniquement et chimiquement pour débarrasser le liquide de tout corps étranger qui y serait en suspension. Ces clarifiants sont très-nombreux, les meilleurs sont ceux qui exercent leur action sans laisser de résidus solubles, qui ne risquent ni de donner un mauvais goût au vin, ni d'attaquer aucun de ses principes constitutifs. Sous ces divers rapports, le blanc d'œufs frais ou albumine pure, est le clarifiant par excellence; on met de six à dix blancs d'œufs par barrique, selon l'âge et la vigueur du vin que l'on veut fouetter. Voici comment on opère : on dégarnit la barrique de dix litres environ; on bat fortement les blancs d'œufs avec un verre du vin destiné à être collé, on verse ce mélange bien battu dans la barrique et on agite fortement le vin avec un instrument spécial appelé fouet, formé d'une tige en fer ayant sur l'un des bouts une poignée en forme de boucle, et de l'autre quelques houppes de crin de 0^{m}10 à 0^{m}15 de long placés en croix dans des trous faits à la tige. Lorsque par suite de l'agitation du liquide en tous sens, on reconnaît que le mélange est suffisant, on retire le fouet, on ouille la barrique, on la bonde et on la laisse en repos.

Le laps de temps nécessaire pour obtenir la clarification ne peut se préciser; cela dépend un peu de l'énergie de la matière employée, de la température et du temps plus ou moins calme. Quand on fouette avec des blancs d'œufs, on laisse ordinairement les vins sur colle de vingt à trente jours au plus; si on les laissait plus longtemps, les lies pourraient remonter, par suite de travail ou de dilatation du vin qui, dans ce cas, pourrait perdre de sa limpidité et devenir moins franc de goût.

Le soutirage des vins sur colle doit être fait avec un redoublement de précautions; on continue après ce soutirage à les soigner comme précédemment, jusqu'au moment de leur mise en bouteilles.

On ne peut espérer pouvoir mettre les vins en bouteilles avant l'âge de trois ans accomplis; les vins très-corsés sont plus longs à se dépouiller et à acquérir le même moelleux que les vins légers; ils demandent, pour ces motifs, d'être soignés plus longtemps en barriques; il y a des vins qui exigent jusqu'à cinq ans de barriques pour acquérir toutes les qualités nécessaires pour la mise en bouteilles. Leur limpidité doit être irréprochable; il faut s'en assurer avant de commencer l'opération, en les examinant à la lumière, dans un verre mousseline à déguster; il faut également la faire en temps calme, au déclin de la lune.

Certains tonneliers mettent en bouteilles le vin sur le fouet, sans soutirage préalable; d'autres le soutirent et le mettent immédiatement en bouteilles. Ces procédés sont mauvais l'un et l'autre, car il est à peu près impossible d'arriver à une limpidité parfaite en agissant ainsi.

Des praticiens ont la manie de fouetter les mêmes vins plusieurs fois, sous prétexte de les vieillir plus vite; les collages réitérés enlèvent le moelleux, le goût de fruit; ils rendent les vins secs et leur font perdre ainsi ce qui, surtout pour les grands crûs, fait leur principal mérite.

Quand les vins sont arrivés à la limpidité voulue pour être mis en bouteilles, il ne faut rien négliger afin de faire cette opération d'une manière irréprochable. On place le robinet, en évitant de frapper trop fort, et on ne l'ouvre que quand tout est prêt, et bien à portée pour continuer le tirage jusqu'à la fin, le robinet ne devant se fermer que quand il ne coule plus.

Il serait superflu de dire comment il faut rincer les bouteilles; elles doivent être d'une propreté ne laissant rien à désirer. Dans chacune d'elles, avant de les remplir, on passe un peu de vin qu'on tire, en le versant d'une bouteille à l'autre, avec une ouillette à grille qui retient les impuretés, s'il s'en trouvait dans les bouteilles; on doit changer ce vin de temps en temps, au moins toutes les 50-bouteilles.

La question du bouchage vient ensuite; on ne doit employer pour des vins de conserve que des bouchons de bonne qualité, demi-longs, du prix de 25 à 30 fr. le mille, qu'on humecte avant le bouchage avec de bon Armagnac. Les grands crûs de Médoc et de Sauternes emploient même des bouchons du prix de 40 à 50 fr. le mille. On ne se sert plus maintenant que de machines qui permettent de boucher les bouteilles pleines, le bouchon touchant au liquide.

L'arrimage des bouteilles n'ayant pas d'influence sur les qualités du vin, nous n'en parlerons que pour recommander de mettre le caveau dans un endroit bien clos et peu exposé aux variations brusques de la température.

Quelques temps après leur mise en bouteilles, les vins goûtent moins bien qu'au moment même de cette opération; il ne faut pas s'en effrayer; cela tient à un petit travail qui s'opère au début et qu'on désigne sous le nom de maladie de la bouteille; cette légère altération disparaît, après cinq à six mois; et, selon leur mérite, les vins gagnent de plus en plus pendant quelques années; leur qualité reste stationnaire pendant une autre période, et enfin elle finit par décliner; il ne faut pas attendre ce délai pour les consommer.

CHAPITRE IV

—

DES SOINS A DONNER AUX VINS BLANCS

Les vins blancs ont généralement besoin d'une surveillance plus active que les vins rouges parce qu'ils sont plus délicats et plus sujets au travail. Nous parlons ici des vins du Sauternais et des localités, où on cultive les cépages fins. Les vins blancs d'*enrageat* ou vins d'opérations sont beaucoup moins susceptibles et d'une conserve plus facile; nous n'en dirons qu'un mot.

Les vins blancs demandent, comme les vins rouges, à être emmagasinés dans des chais bien clos; pendant la période de la fermentation tumultueuse, un peu d'air extérieur ne leur nuirait pas, mais à compter du premier soutirage, ils doivent être à l'abri des influences atmosphériques du dehors.

Les moûts, nous le savons, sont portés directement du pressoir dans les barriques. On ne leur fait subir d'autre coupage que celui qui est nécessaire pour diminuer le degré de sirop lorsqu'il est d'une trop forte densité.

Quand on remplit les barriques, on a soin de leur laisser un vide de 0^m08 à 0^m10 environ, pour empêcher la fermentation tumultueuse de faire dégorger les lies. Les avis à ce sujet sont partagés : certains praticiens prétendent qu'il faut que la barrique dégorge et rejette hors du fût, par la fermentation, toutes les impuretés du moût; d'autres, aussi nombreux et aussi autorisés, soutiennent au contraire, et nous sommes de leur avis, qu'on ne doit pas laisser dégorger les vins liquoreux. Nous avons fait des expériences à ce sujet sur des barriques de même degré de moût et nous avouons, qu'après le premier soutirage, il était bien difficile d'établir une différence; s'il n'y a pas avantage pour la qualité, dans le dégorgement, il y a désavantage pour la quantité, puisqu'il y a perte de liquide.

A mesure que la fermentation diminue, on ajoute du moût dans les barriques; dès que la fermentation est assez calme, on fait le plein.

Les rats sont très-friands des vins liquoreux; ils vont boire par la bonde et peuvent tomber dans la barrique; on évite ce désagrément en fermant le trou avec une petite planchette dès que la fermentation tumultueuse est un peu calmée. M. Castagnet, maître de chai de MM. Nathaniel Johnston et fils, a inventé une bonde en faïence que nous recommandons volontiers; cette bonde permet aux gaz dégagés par la fermentation de sortir; elle peut servir jusqu'au premier soutirage; plus tard on se sert soit de bondes en verre très-faciles à maintenir propres, soit de bondes en bois ordinaire munies de linge. Le linge des bondes a une tendance à aigrir, il est utile d'y veiller et de le nettoyer toutes les fois que cela devient nécessaire.

Dans les vins blancs, la fermentation tumultueuse dure quelquefois assez longtemps, surtout sur les moûts liquoreux; on ne doit rien négliger pour la favoriser; on y arrive en tenant la température du chai élevée, l'aérant quand l'air extérieur est plus chaud et le tenant au contraire bien clos quand il fait froid; à cet effet, il est indispensable d'avoir un chai spécial pour les vins nouveaux, ce qui existe d'ailleurs à Sauternes dans tous les crûs de quelque importance.

Il n'est pas d'usage, dans le Sauternais, que les propriétaires égalisent leurs vins; quelques négociants y trouvent leur profit, parce que, dans la même récolte, ils peuvent faire des vins de divers prix; mais la généralité des acheteurs les égalisent en les recevant; il y aurait donc avantage à les égaliser au début de la récolte; l'ensemble du vin serait meilleur; la fermentation serait plus régulière et le travail secondaire moins à craindre dans la suite.

Quand on égalise des vins vieux, le mélange des barriques liquoreuses avec celles qui ne le sont pas occasionne toujours un travail plus ou moins violent qui, pendant quelque temps, diminue la limpidité; ce travail pourrait même devenir nuisible à la qualité, si l'on ne redoublait de soin pour le calmer. Nous engageons donc les propriétairse désireux de mettre leurs vins en bouteilles, de les égaliser au début de la récolte, pour s'éviter des ennuis dans la suite.

Depuis quelques années, on se sert, à Sauternes, même dans les grands crûs, des pompes à soutirages. Ces instruments, il est vrai de le dire, produisent une grande économie de main-d'œuvre, mais le travail qu'on en obtient laisse beaucoup à désirer; on est obligé de les graduer de manière à laisser beaucoup de vin fin dans les lies si l'on ne veut être exposé à aspirer des lies avec le vin. Par le soutirage au robinet, avec cuir de sole et soufflet, on arrive, avec un peu de soin, à tirer tout le vin fin d'une barrique, en n'y laissant que la lie. C'est le soutirage que nous recommandons, en conseillant de ne se servir des pompes que pour le transvasement ou pour le coupage des vins soutirés.

Le premier soutirage des vins blancs nouveaux ne doit se faire que lorsque la fermentation tumultueuse a complètement cessé; il a lieu vers la fin de février ou dans les premiers jours de mars; on en fait un deuxième vers la fin du mois de mai, avant la floraison; un troisième au commencement d'août, et enfin un quatrième en octobre; soit quatre soutirages cette première année.

La deuxième année, si les chais sont bien clos et les vins alcoolisés, trois soutirages pourraient suffire; le premier fin février ou mars; le deuxième en juin, et le troisième au moment de la maturité du raisin. Les vins doucereux, d'un titre alcoolique faible, c'est-à-dire au-dessous de 14 degrés, méritent une surveillance plus assidue, étant plus susceptibles d'entrer en fermentation; c'est pourquoi, par prudence, on ferait bien de les soutirer quatre fois et aux mêmes époques que la première année.

Dans la suite, et jusqu'au moment de leur mise en bouteilles, les vins blancs exigent au moins trois soutirages par an et même quatre si on leur reconnaît la moindre tendance à une fermentation secondaire. Il faut les surveiller; la négligence pourrait faire perdre le fruit des soins assidus précédemment donnés.

Les vins blancs sont toujours tenus bonde dessus et ouillés régulièrement. Les ouillages doivent se faire deux fois par semaine jusqu'au premier soutirage; dans la suite, si les chais sont bien clos, un ouillage par semaine suffit. Le vin dont on se sert pour ouillage est ordinairement du vin de queue ou du vin de lie.

Les vins de lie bien soignés deviennent excellents; leur qualité est souvent supérieure à l'ensemble de la récolte, parce que les barriques de la tête ont plus de lie que celles de la queue, et que le fond des barriques liquoreuses est plus sucré que la surface. Ces vins sont longs à se clarifier, et il est de la dernière importance de les purifier de tout germe de ferment, avant de les employer comme ouillage ; sans cette précaution, ils pourraient amener des désordres graves et provoquer des ennuis qu'il est plus simple de prévenir.

Au premier soutirage, les lies sont toujours abondantes. Pour extraire le vin qu'elles contiennent on les met dans des fûts penchés du côté de la bonde ; lorsque ces fûts sont pleins aux trois quarts, on brûle un morceau d'allumette soufrée dans le vide et on ferme. La grosse lie se précipite alors et le vin fin remonte à la surface. Dès qu'il est assez clair, on le fait doucement couler, en ayant soin d'arrêter l'opération quand le liquide devient louche. La grosse lie est ensuite mise dans des petits sacs de toile solide et serrée qu'on soumet à une presse pour en extraire tout le vin. Ce qui reste dans les sacs, est la *matte* ou *terre de lie* qu'on vend à des industriels. Quant aux vins de lie proprement dits, on les clarifie par des soutirages fréquents ; comme ils ont une tendance à fermenter, il faut les soufrer fortement à chaque soutirage, jusqu'à ce qu'ils commencent à être bien limpides ; il est indispensable de les coller, avant de s'en servir, comme ouillage pour les dépouiller de tout germe de ferment.

On emploie beaucoup plus de soufre pour le traitement des vins blancs que pour celui des vins rouges. L'acide sulfureux dégagé par la combustion de la mèche soufrée, a la propriété de muter, c'est-à-dire d'arrêter toute fermentation, pendant une période plus ou moins longue, en rapport avec la quantité employée. Dans les vins nouveaux, surtout au premier soutirage, ainsi que pour la clarification des vins de lies, on l'emploie à la haute dose de six à huit centimètres de mèche soufrée par barrique, et quelquefois de dix centimètres pour les barriques très-liquoreuses, ainsi que pour celles des vins de lies, tant qu'ils sont jeunes. Dans la suite on diminue progressivement la quantité employée, à mesure que le vin devient limpide ; les soutirages des vins vieux en exigent très-peu. Si la barrique n'est pas bien égouttée quand on y brûle l'allumette, il faut avoir la précaution de l'égoutter après l'avoir brûlée ; car l'eau qui y resterait contracterait un goût sulfureux détestable qui se communiquerait au vin.

Pour obtenir des vins blancs bien limpides, il est nécessaire de recourir aux collages, mais sans en abuser. Si les vins ont été bien soignés et s'ils sont exempts de travail, on peut les coller vers la fin de leur troisième année, avec huit ou dix blancs d'œuf ; on les laisse sur fouet de vingt à trente jours, et on les soutire par un temps calme. Cette opération faite, on continue à les soigner, comme précédemment, en les ouillant avec des vins fouettés, jusqu'au moment où leur limpidité permet de les mettre en bouteilles. Cette limpidité ne peut guère être acquise avant la fin de la quatrième année ; il faut même attendre plus longtemps, si les vins sont très-gras.

On arrive, par des fouettages répétés ainsi que par le filtrage, à clarifier les vins plus vite, ce qui permet d'avancer leur mise en bouteilles, mais c'est au dépens de leur qualité. Si l'on est pressé pour la mise en bouteilles, on est bien obligé de s'ingénier comme l'on peut ; il est bien préférable, si l'on n'est pas pressé, d'attendre que la limpidité naturelle se produise.

Nous ferons pour la mise en bouteilles des vins blans, les mêmes observations que pour la mise en bouteilles des vins rouges (voir plus haut, la page 204).

Les vins provenant de cépages communs, qu'on désigne sous le nom de *vins d'opérations* sont, nous l'avons dit, loin d'être aussi susceptibles que les premiers. Ils n'exigent pas, par conséquent, les mêmes soins. Nous nous bornerons à dire que la première année il ne serait pas mal de les soutirer trois fois ; mais deux soutirages sont suffisants les années suivantes ; les ouillages ne doivent pas être négligés si l'on veut maintenir les vins très-blancs, et prévenir des maladies qui pourraient les atteindre.

CHAPITRE V

—

Dans l'exercice de notre ministère de courtier, nous avons été témoin, bien souvent, de difficultés entre vendeurs et acheteurs, au sujet du logement des vins. Ces difficultés, toujours désagréables, seraient facilement évitées, si les propriétaires, quand ils reçoivent les fûts neufs, se donnaient la peine de les faire examiner et jauger.

Par sa délibération du 12 mai 1858, la Chambre de Commerce de Bordeaux, pour mettre un terme aux abus qui lui avaient été signalés, décida que *la barrique dite bordelaise*, devait réunir, quand à ses dimensions et à l'épaisseur du bois, les conditions suivantes :

Longueur de la barrique............................ ..	»	0^m91
Circonférence extérieure à la tête....................	»	1 90
Circonférence extérieure au bouge..................	»	2 18
Longueur de la peigne....	»	0 07
Epaisseur de la fonçaille de..........................	0^m016 à	0 018
Epaisseur des douves dans la partie la plus faible au bouge	0 012 à	0 014

Une barrique *type*, fabriquée d'après ces dimensions, fut déposée à l'hôtel de la Bourse de Bordeaux.

Tous les courtiers de vins du département furent, à cette époque, invités à stipuler, dans leurs bordereaux, que l'acheteur aurait le droit de rebuter les barriques non construites dans les conditions indiquées par la Chambre de Commerce.

Le 13 juin 1866 une loi parut au *Moniteur*, ainsi conçue :

ARTICLE PREMIER. — Dans les ventes commerciales, les conditions, tares et autres usages indiqués dans le tableau annexé à la présente loi, sont applicables, dans toute l'étendue de l'Empire, à défaut de conventions contraires. La présente loi sera exécutoire le 1er janvier 1867.

Le tableau annexé porte à l'article intitulé : vins, au § I, la mention suivante : « *La contenance de la futaille dite bordelaise est de 225 litres.* »

C'est donc sur le taux de 225 litres par barrique, ou 900 litres par tonneau, que les achats sont faits actuellement.

Pour être à l'abri de toute contestation, il faut aussi que les futailles jaugent, à la *velte longue*, au moins 29 veltes 1/2, soit 29, d'un bout, et 30 de l'autre, ce dont le propriétaire doit s'assurer en veltant, une à une, toutes ses barriques avant de les remplir ; il doit également en dépoter quelques-unes pour s'assurer que leur forme n'est pas frauduleuse et refuser impitoyablement tout fût qui serait ou trop grand ou trop petit. En prenant ces précautions, on sera à l'abri de bien des ennuis, lors des livraisons.

Quand on achète des barriques, le bordereau doit mentionner : 1° la force du bois des douves et des fonds ; 2° qu'elles doivent velter à la jauge longue de 29 1/2 à 30 ; 3° qu'au dépotage elles contiendront de 224 à 226 litres, ni plus ni moins. Un ouvrier qui veut s'en donner la peine, une fois ses moules bien établis, peut, à un litre près, faire toutes ses barriques de même contenance et il faut l'exiger ; le propriétaire, qui doit les remplir, y est le plus intéressé ; car à la livraison de ses vins, toute barrique n'ayant pas la jauge légale, est soumise à une retenue, de la valeur du manquant du vin, et de trois francs de grossissage ; tels sont les usages de la place de Bordeaux.

Les *vidanges* qui doivent rester sans emploi, un certain temps, doivent être bien rincées et égouttées un ou deux jours avec le bondillon ouvert ; on brûle, après cela, dans chacune, de trois à quatre centimètres de mèche soufrée, puis on les bonde solidement. Les fûts peuvent, ainsi traités, rester vides quatre à cinq mois sans souffrir ; s'ils devaient rester plus longtemps il serait prudent d'y faire brûler de nouveau de la mèche soufrée.

Il y a des propriétaires et même des tonneliers qui, après avoir transvasé une barrique dont le vin est fin, se contentent de l'égoutter sans la rincer, sous prétexte que le vin conserve la futaille mieux que l'eau ; ce procédé est mauvais. Une futaille fraîchement vidée doit toujours être rincée à l'eau fraîche, égouttée et soufrée ; si on la laisse imbibée de vin, ce vin s'y acidifie et, plus tard, quand on la remplit de nouveau, elle peut communiquer au liquide un germe de piqûre.

Le propriétaire qui expédie ses vins, soit en barriques soit en bouteilles, à destination de débitants, cafetiers, marchands en gros, doit faire suivre chaque expédition d'un acquit à caution du coût de 0 fr. 50 c. La même formalité est nécessaire pour toute expédition faite à n'importe qui, propriétaire ou marchand en gros, habitant une *ville rédimée*. Nous donnerons plus loin un tableau de ces villes.

Quand on expédie à destination de propriétaires, dans les villes non rédimées et dans les campagnes, chaque expédition doit être accompagnée d'un congé du coût de 0 fr. 20 c. plus, des droits de circulation selon la quantité de vin à expédier et la classe du département qu'habite le destinataire.

Ce droit de circulation est de 1 fr. 50 c. par hectolitre pour les vingt sept départements suivants : *Basses-Alpes, Alpes-Maritimes, Ariège, Aube, Aude, Aveyron, Bouches-du-Rhône, Charente, Charente-Inférieure, Dordogne, Gard, Haute-Garonne, Gers, Gironde, Hérault, Landes, Lot, Lot-et-Garonne, Basses-Pyrénées, Hautes-Pyrénées, Pyrénées-Orientales, Savoie, Haute-Savoie, Tarn, Tarn-et-Garonne, Var, Vaucluse.*

Le droit de circulation est de 2 fr. par hectolitre pour les ving-neuf départements suivants : *Ain, Allier, Hautes-Alpes, Ardèche, Cher, Corrèze, Côte-d'Or, Drôme, Indre, Indre-et-Loire, Isère, Jura, Loir-et-Cher, Haute-Loire, Loire-Inférieure, Loiret, Maine-et-Loire, Marne, Haute-Marne, Meurthe, Meuse, Moselle, Nièvre, Puy-de-Dôme, Haute-Saône, Deux-Sèvres, Vendée, Vienne, Yonne.*

Le droit de circulation est de 2 fr. 50 c. par hectolitre pour les vingt départements suivants : *Aisne, Ardennes, Cantal, Creuse, Doubs, Eure, Eure-et-Loire, Loire, Lozère, Morbihan, Oise, Bas-Rhin, Haut-Rhin, Rhône, Saône-et-Loire, Sarthe, Seine, Seine-et-Marne, Seine-et-Oise, Haute-Vienne.*

Enfin le droit de circulation est de 3 fr. par hectolitre pour les onze départements suivants : *Calvados, Côtes-du-Nord, Finistère, Ille-et-*

Vilaine, Manche, Mayenne, Nord, Orne, Pas-de-Calais, Seine-Infé-rieure, Somme.

LA CIRCULATION DES VINS EN BOUTEILLES est soumise dans toute la France, Paris excepté, aux droits ci-après :

Les 100 bouteilles de la capacité de 50 centilitres à 1 litre paient un droit de 18ᶠ75ᶜ

Les 100 demi-bouteilles d'une capacité de moins de 50 cen-tilitres paient un droit de 9 38

LES VINS A DESTINATION DE PARIS, paient :

Par hectolitre (en cercles). . . . . · 23 875

Soit :

La barrique de 228 litres 54 44
La demi-barrique de 114 litres 27 22
Les 100 bouteilles paient . . . . 50 »»
Les 100 demi-bouteilles. . . . . 25 »»

Dans la demande d'un acquit, il faut faire connaître si le destina-taire est propriétaire ou débitant; s'il habite une grande ville, la régie exige que l'acquit porte la rue et le numéro.

TABLEAU DES VILLES RÉDIMÉES

Où figurent les droits perçus au profit du Trésor et le tarif des taxes locales.

DEPARTEMENTS	VILLES	VINS						
		Droits perçus au profit du Trésor (principal et décime) à l'entrée des villes rédimées					Tarif des villes soumises aux droits d'octroi	Total de toutes les taxes
		Taxe de remplacement	Droit d'entrée	Total de la taxe unique	Droit de circulation	Total		
Ain............	Bourg..............	2ᶠ 63	1ᶠ 50	4ᶠ 15	2ᶠ 00	6ᶠ 15	1ᶠ 10	7ᶠ 25
Aisne...............	Saint Quentin........	5 21	3 32	8 53	2 50	11 03	5 00	16 03
Allier	Montluçon..........	0 87	1 88	2 75	2 00	4 75	1 00	5 75
	Moulins............	2 37	1 88	4 25	2 00	6 25	1 62	7 87
Alpes-Maritimes....	Antibes	1 68	0 57	2 25	1 50	3 75	0 60	4 35
	Nice............... .	3 53	2 00	5 53	1 50	7 03	3 50	10 53
	Menton........... .	3 53	0 76	4 09	1 50	5 59	1 60	7 19
Ardèche	Annonay..........	1 36	1 87	3 23	2 00	5 23	2 00	7 23
Ardennes...........	Charleville..............	2 88	1 87	4 75	2 50	7 25	3 00	10 25
	Sedan.....................	3 25	1 87	5 12	2 50	7 62	3 50	11 12
Aube...............	Troyes.....................	2 53	2 00	4 53	1 50	6 03	3 90	9 93
Aude...............	Carcassonne............	2 95	1 44	4 39	1 50	5 89	1 50	7 39
	Limoux................	2 38	0 56	2 94	1 50	4 44	0 83	5 27
	Narbonne..............	3 35	1 12	4 47	1 50	5 97	»	5 97
Aveyron	Millau........	0 72	1 12	1 84	1 50	3 34	0 45	3 79
	Villefranche.............	2 02	0 87	2 89	1 50	4 39	»	4 39
Bouches-du-Rhône..	Marseille.................	2 48	2 25	4 73	1 50	6 23	5 00	11 23
	Aix.....................	3 55	1 44	4 99	1 50	6 49	1 50	7 99
	Arles...................	1 83	1 44	3 27	1 50	4 77	1 50	6 27
Calvados...........	Caen....................	4 44	3 94	8 38	3 00	11 38	4 20	15 58
	Lisieux.................	5 96	2 82	8 78	3 00	11 78	2 40	14 18
Charente...........	Cognac.................	1 61	1 12	2 73	1 50	4 23	0 90	5 13
	Angoulême...............	2 30	1 69	3 99	1 50	5 49	1 80	7 29

DÉPARTEMENTS	VILLES	VINS					Tarif des villes soumises aux droits d'octroi	Total de toutes les taxes
		Droits perçus au profit du Trésor (principal et décime) à l'entrée des villes rédimées						
		Taxe de remplacement	Droit d'entrée	Total de la taxe unique	Droit de circulation	Total		
Charente Inférieure.	La Rochelle...............	2ᶠ 20	1ᶠ 43	3ᶠ 63	1ᶠ 50	5ᶠ 13	2ᶠ 50	7ᶠ 63
	Rochefort................	2 63	1 69	4 32	1 50	5 82	1 80	7 62
Cher.................	Bourges.................	2 00	2 25	4 25	2 00	6 25	1 00	7 25
Côte-d'Or............	Beaune....	2 74	1 50	4 24	2 00	6 24	1 10	7 34
	Dijon..................	2 16	2 63	4 79	2 00	6 79	1 00	7 79
Côtes-du-Nord.......	Saint-Brieuc..........	4 62	2 25	6 87	3 00	9 87	3 40	13 27
Dordogne...........	Périgueux..............	2 51	1 44	3 95	1 50	5 45	1 50	6 95
Doubs..............	Besançon............ ...	1 23	3 32	4 55	2 50	7 05	2 00	9 05
Drôme..............	Valence..........	1 42	1 50	2 92	2 00	4 92	1 50	6 42
Eure-et-Loir........	Chartres..............	4 17	2 38	6 55	2 50	9 05	2 50	11 55
Finistère	Morlaix.................	4 78	3 25	8 03	3 00	11 03	2 40	13 43
	Quimper................	5 40	2 25	7 65	3 00	10 65	1 80	12 45
	Brest	6 43	3 94	10 37	3 00	13 37	4 80	18 17
Gard..............	Alais	0 75	1 44	2 19	1 50	3 69	0 55	4 24
	Nîmes..................	1 27	2 25	3 52	1 50	5 02	0 45	5 47
Haute-Garonne.....	Toulouse................	3 80	2 25	6 05	1 50	7 55	2 40	9 95
Gironde	Bordeaux..............	2 88	2 25	5 13	1 50	6 63	1 20	7 83
	Libourne..............	2 61	1 13	3 74	1 50	5 24	1 20	6 44
Hérault............	Montpellier............	2 88	2 00	4 88	1 50	6 38	0 77	7 15
	Cette..................	2 95	0 69	4 64	1 50	6 14	1 10	7 24
	Granges................	2 21	0 57	2 78	1 50	4 28	0 50	4 78
	Béziers.................	2 78	1 69	4 47	1 50	5 97	»	5 97
	Agde..................	3 50	0 88	4 38	1 50	5 88	»	5 88
	Bédarrieux.............	1 82	0 88	2 70	1 50	4 20	»	4 20
	Pézenas................	2 57	0 88	3 45	1 50	4 95	»	4 95

DÉPARTEMENTS	VILLES	VINS Droits perçus au profit du Tresor (principal et décime) à l'entrée des villes rédimées					Tarif des villes soumises aux droits d'octroi	Total de toutes les taxes
		Taxe de remplacement	Droit d'entrée	Total de la taxe unique	Droit de circulation	Total		
Ille-et-Vilaine.......	Rennes...................	5ᶠ 08	3ᶠ 94	9ᶠ 02	3ᶠ 00	12ᶠ 02	4ᶠ 20	16ᶠ 22
Indre...............	Châteauroux.......... .	1 57	1 50	3 07	2 00	5 07	1 50	6 57
	Issoudun................	2 69	1 50	4 19	2 00	6 19	»	6 19
Indre-et-Loire.......	Tours...................	4 30	2 63	6 93	2 00	8 93	2 80	11 73
Isère................	Grenoble.................	1 13	2 25	3 38	2 00	5 38	3 20	8 58
	Vienne.................	1 22	1 88	3 10	2 00	5 10	1 60	6 70
Loir-et-Cher........	Blois.....	4 44	1 88	6 32	2 00	8 32	1 60	9 92
Loire...............	Saint-Étienne..........	0 80	3 75	4 50	2 50	7 05	3 00	10 05
	Roanne...............	1 41	2 38	3 79	2 50	6 29	2 20	8 49
	Rive-de-Gier...........	1 46	1 88	2 34	2 50	4 84	1 60	6 44
	Saint-Chamond........	0 92	1 88	2 80	2 50	5 30	2 00	7 30
Haute-Loire........	Le Puy.................	2 89	1 88	4 79	2 00	6 77	2 20	8 97
Loire-Inférieure	Nantes................. ..	4 74	3 00	7 74	2 00	9 74	3 52	13 26
	Saint-Nazaire...........	4 82	1 50	5 82	2 00	7 82	1 60	9 42
Loiret.............	Orléans.................	4 31	2 63	6 94	2 00	8 94	2 80	11 74
Lot...............	Cahors.................	2 15	1 13	3 28	1 50	4 78	0 75	5 53
	Figeac.	2 76	0 57	3 33	1 50	4 83	0 30	5 13
Lot-et-Garonne......	Agen..................	1 78	1 44	3 22	1 50	4 72	0 70	5 42
Maine-et-Loire.......	Angers	4 42	2 63	7 05	2 00	9 05	2 80	11 85
	Cholet...............	5 14	1 50	6 64	2 00	8 64	1 60	10 24
	Saumur...............	3 62	1 50	5 12	2 00	7 12	1 60	8 72
Manche.............	Cherbourg	4 46	3 38	7 84	3 00	10 84	5 40	16 24
	Granville............	6 29	2 25	8 54	3 00	11 54	2 40	13 94
Marne.............	Châlons-sur-Marne....	2 94	1 88	4 82	2 00	6 82	2 56	9 38
	Epernay................	3 77	1 50	5 27	2 00	7 27	1 60	8 87
	Reims.................	4 74	2 63	7 37	2 00	9 37	2 10	11 47

DÉPARTEMENTS	VILLES	VINS					Tarif des villes soumises aux droits d'octroi	Total de toutes les taxes
		Droits perçus au profit du Trésor (principal et décime) à l'entrée des villes rédimées						
		Taxe de remplacement	Droit d'entrée	Total de la taxe unique	Droit de circulation	Total		
Mayenne............	Laval.................. ...	3f 94	3f 38	7f 32	3f 00	10f 32	3f 60	13f 92
Meurthe-et-Moselle.	Nancy..................	2 10	3 00	5 10	2 00	7 10	2 80	9 90
	Lunéville.................	2 23	1 50	3 73	2 00	5 73	1 60	7 33
Meuse..............	Bar-le-Duc...............	1 45	1 50	2 95	2 00	4 95	1 60	6 55
	Verdun	1 80	1 87	3 67	2 00	5 67	1 20	6 87
Morbihan...........	Vannes.................. ...	3 71	1 88	5 59	2 50	8 09	3 00	11 09
	Lorient..............	3 01	2 82	5 83	2 50	8 33	3 00	11 33
Nièvre........:.	Nevers.................	1 84	1 88	3 72	2 00	5 72	1 60	7 32
	Lille......	5 03	4 50	9 53	3 00	12 53	11 00	23 53
	Roubaix.................	6 49	4 50	10 99	3 00	13 99	4 80	18 79
	Tourcoing.....	4 78	3 94	8 72	3 00	11 72	4 20	15 92
	Cambrai..............	3 15	2 25	5 40	3 00	8 40	3 00	11 40
Nord..............	Douai..................	5 07	2 82	7 89	3 00	10 89	3 00	13 89
	Armentières............	4 46	2 82	7 28	3 00	10 28	10 00	20 28
	Denain.................	2 48	2 25	4 73	3 00	7 73	1 80	9 53
	Dunkerque.............	3 76	3 94	7 70	3 00	10 70	4 20	14 90
	Valenciennes...........	3 37	2 82	6 19	3 00	9 19	3 50	12 69
Oise........	Beauvais................	3 84	1 88	5 72	2 50	8 22	3 50	11 72
	Compiègne........	3 66	1 88	5 54	2 50	8 04	2 00	10 04
Orne..............	Alençon.................	4 15	2 25	6 40	3 00	9 40	2 40	11 80
	Arras..................	4 26	3 38	7 64	3 00	10 64	3 60	14 24
	Béthune.................	8 24	1 69	9 93	3 00	12 93	4 80	17 73
	Boulogne..	6 30	3 94	10 24	3 00	13 24	4 20	17 44
Pas-de-Calais........	Calais..................	10 15	2 25	12 40	3 00	15 40	2 40	17 80
	St-Pierre-lès Calais....	12 25	2 82	15 07	3 00	18 07	2 40	20 47
	Saint-Omer.............	6 73	2 82	9 55	3 00	12 55	3 00	15 55
	Aire.....	7 79	1 13	8 92	3 00	11 92	1 20	13 12

DEPARTEMENTS	VILLES	VINS					Tarif des villes soumises aux droits d'octroi	Total de toutes les taxes
		Droits perçus au profit du Trésor (principal et décime) l'entrée à des villes re-limées						
		Taxe de remplacement	Droit d'entrée	Total de la taxe unique	Droit de circulation	Total		
Puy-de-Dôme	Clermont-Ferrand	2f 94	2 25	5f 19	2f 00	7f 19	2f 00	9f 19
	Thiers	2 67	1 50	4 17	2 00	6 17	1 60	7 77
Basses-Pyrénées	Bayonne	3 79	1 44	5 23	1 50	6 73	2 50	9 23
	Pau	2 31	1 69	4 00	1 50	5 50	1 50	7 00
Hautes-Pyrénées	Tarbes	3 04	1 13	4 17	1 50	5 67	1 20	6 87
Pyrénées-Orientales	Perpignan	4 21	1 44	5 65	1 50	7 15	1 00	8 15
Rhône	Lyon	1 92	3 75	5 67	2 50	8 17	7 00	15 17
	Tarare	0 99	1 88	2 87	2 50	5 37	2 00	7 37
	Villefranche	1 56	1 88	3 44	2 50	5 94	1 50	7 44
Saône-et-Loire	Châlons-sur-Saône	2 97	2 38	5 35	2 50	7 85	1 75	9 60
	Le Creusot	0 47	1 88	2 35	2 50	4 85	1 00	5 85
	Macon	1 99	2 38	4 37	2 50	6 87	2 00	8 87
Sarthe	Le Mans	4 28	3 32	7 60	2 50	10 10	3 50	13 60
Savoie	Chambéry	2 20	1 13	3 33	1 50	4 83	3 00	7 83
Seine	Aubervilliers	4 26	1 88	6 14	2 50	8 64	1 00	9 64
	Boulogne	4 04	2 38	6 42	2 50	8 92	2 00	10 92
	Clichy	3 72	1 88	5 60	2 50	6 10	2 00	10 10
	Saint-Denis	5 42	2 82	8 24	2 50	10 74	2 10	12 84
	Ivry	3 89	1 88	5 77	2 50	8 27	1 00	9 27
	Levallois-Perret	2 95	2 38	5 33	2 50	7 83	2 50	10 33
	Montreuil	3 21	1 88	5 09	2 50	7 59	1 60	9 19
	Neuilly	3 55	2 38	5 93	2 50	8 43	2 50	10 93
	Pantin	4 90	1 88	6 78	2 50	9 28	2 00	11 28
	Vincennes	3 35	1 88	5 23	2 50	7 73	1 50	9 23
Seine-Inférieure	Rouen	4 69	4 50	9 19	3 00	12 19	5 28	17 47
	Le Havre	5 98	4 50	10 48	3 00	13 48	4 80	18 28

| DÉPARTEMENTS | VILLES | VINS Droits perçus au profit du Trésor (principal et décime) à l'entrée des villes rédimées | | | | | Tarif des villes soumises aux droits d'octroi | Total de toutes les taxes |
		Taxe de remplacement	Droit d'entrée	Total de la taxe unique	Droit de circulation	Total		
Seine-Infér. (Suite) ...	Caudebec	6f 28	2f 25	8f 53	3f 00	11f 53	1f 20	12f 73
	Dieppe	8 86	2 82	11 68	3 00	14 68	4 50	19 18
	Elbeuf	6 47	3 38	9 85	3 00	12 85	3 60	16 45
	Fécamp	4 23	2 25	6 48	3 00	9 48	3 00	12 48
Seine-et-Oise	Versailles	3 53	3 32	6 85	2 50	9 35	3 50	12 85
	Saint-Germain	4 56	1 88	6 44	2 50	8 94	2 00	10 94
Deux-Sèvres	Niort	2 32	1 88	4 20	2 00	6 20	1 70	7 90
Somme	Amiens	4 45	4 50	8 95	3 00	11 95	4 80	16 75
	Abbeville	3 08	2 82	5 90	3 00	8 90	3 00	11 90
Tarn	Albi	1 46	1 13	2 59	1 50	4 09	0 72	4 81
	Castres	1 06	1 44	2 50	1 50	4 00	1 40	5 40
	Mazamet	0 44	1 13	1 57	1 50	3 07	0 90	3 97
Tarn-et-Garonne	Montauban	3 15	1 44	4 59	1 50	6 00	1 50	7 59
Var	Toulon	4 88	2 00	6 88	1 50	8 38	2 10	10 48
	Hyères	1 42	0 57	1 99	1 50	3 49	0 60	4 09
Vaucluse	Avignon	2 95	1 69	4 64	1 50	6 14	1 80	7 94
Vienne	Châtellerault	2 63	1 50	4 13	2 00	6 13	1 60	7 73
	Poitiers	2 43	2 25	4 68	2 00	6 68	2 40	9 08
Haute-Vienne	Limoges	3 76	3 32	7 08	2 50	9 58	3 50	13 08
Vosges	Épinal	1 39	1 88	3 27	2 50	5 77	1 50	7 27
Yonne	Auxerre	3 74	1 50	5 24	2 00	7 24	1 60	8 84
	Sens	3 27	1 50	4 77	2 00	6 77	1 10	7 87

Les vins sortant de chez un propriétaire, pour aller chez le même propriétaire, ne sont autorisés à circuler en franchise que tout autant qu'ils ne sont pas transportés en dehors du canton. Cependant les communes limitrophes de ce canton jouissent aussi du droit de franchise.

Le propriétaire, qui a déjà payé les droits de circulation d'un vin, pourrait, en le prouvant par les congés, être autorisé à transporter ledit vin de chez lui chez lui, en franchise, dans toute la France. Si les droits déjà payés étaient inférieurs à la taxe du département ou de la ville où on transporterait les vins, il faudrait en acquitter la différence.

Voici le modèle de la demande à adresser à M. le Receveur des contributions indirectes, en lui soumettant les congés à l'appui :

M_____ _____ , *propriétaire, demeurant à*_____ ,
*rue*__ _____ , *n°*__ , *prie* **M.** *le Receveur de lui délivrer un passavant pour transporter*_____ *barriques et* _____ *bouteilles dans son nouveau domicile, situé à* _____ , *rue* _____ ,
*n°*__ .

_____ , *le* _____ *187*

Signature.

TABLE DES MATIÈRES

TROISIÈME PARTIE

DES SOINS A DONNER AUX PRODUITS D'UN VIGNOBLE

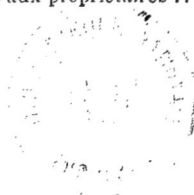

Bordeaux. — Imp. J. Lamarque, rue Porte-Dijeaux, 43.

EXTRAIT DES PUBLICATIONS DE LA LIBRAIRIE FERET & FILS

15, cours de l'Intendance, Bordeaux

CARTE DU DÉPARTEMENT DE LA GIRONDE, à l'échelle de 1/40000 publiée par l'Administration départementale, suivant les décisions du Conseil général de la Gironde. *Bel Atlas de 22 feuil. colombier. gravé sur pierre* par la Maison *Ehrard*, de Paris, et tiré en 4 coul^{rs}. Prix de l'Atlas entier, 50 fr. — *Publié en 10 séries de 2 ou 3 cartes.* Chaque série, pour les souscripteurs.....F. 5

STATISTIQUE GÉNÉRALE *du département de la Gironde*, topographie, sciences, administration, histoire, archéologie, agriculture, commerce, industrie, par Edouard FERET, 3 vol. grand in-8°, prix, pour les souscripteurs, 42 fr. — En vente, *la partie agricole et vinicole*, 1 vol. grand in-8° 950 pages, orné de 250 grav., séparément..F. 14
— La partie topographique, scientifique, agricole, industrielle, commerciale et administrative, 1 volume grand in-8° de 1,000 pages..F. 16
— Cet ouvrage a été couronné par la Société d'Agriculture de la Gironde et par la Société de Géographie commerciale de Bordeaux.

BORDEAUX ET SES VINS *classés par ordre de mérite*, par Ch. Cocks, 3e édition, entièrement refondue, par Edouard FERET. 1 fort vol. in-18 jésus, orné de 255 vues de châteaux.....F. 6

LES GRANDS VINS DE BORDEAUX, poème par M. P. BIARNÈS, précédé d'une leçon du Dr BABRIUS, intitulée : *De l'Influence du Vin sur la Civilisation*, grand in-8° raisin, illustré... F. 6

LE MÉDOC ET SES VINS, GUIDE VINICOLE ET PITTORESQUE DE BORDEAUX A SOULAC, par Théophile MALVEZIN et Edouard FERET, ouvrage orné de vignettes et d'une carte du Médoc. Prix...................................F. 2 50

LES VINS DU SIÈCLE DANS LA GIRONDE. Petite Statistique des récoltes depuis 1800 jusqu'en 1877, par M. ***, 1 vol. in-18...........F. 1

CARTE VINICOLE ET ROUTIÈRE *du département de la Gironde*, par M. COUTAUT, agent-voyer, pour faire suite à *Bordeaux et ses Vins*. 1 feuille grand aigle, imprimée en 2 couleurs et coloriée par contrée vinicole..F. 6

CARTE ROUTIÈRE ET VINICOLE DU MÉDOC, dressée par M. Théophile MALVEZIN, pour accompagner l'ouvrage du même auteur intitulé : *Le Médoc et ses Vins*. 1 feuille colombier gravée à Paris, par *Régnier*, et tirée en 3 couleurs. Prix...............................F. 4

CARTE ROUTIÈRE *du département de la Gironde*, par M. COUTAUT, format grand-aigle...F. 2 50

CARTE GÉOLOGIQUE DE LA GIRONDE dressée par M. Victor RAULIN, format gr.-aigle...F. 6

CARTE AGRICOLE DE LA GIRONDE, dressée par M. Théoph. MALVEZIN, format gr.-aigle.. F. 6
— *Ces deux cartes ont été publiées par la Société de Géographie commerciale de Bordeaux, et ont obtenu une grande médaille à l'Exposition du Congrès des Sciences géographiques (Paris, 1875).*

CARTE DU MÉDOC, 1 feuille 1/2-coquille coloriée. Prix..................................F. 0 50

HISTOIRE DE LA TERREUR A BORDEAUX, par Aurélien VIVIE, président de la *Société des Archives historiques de la Gironde*, 2 vol. in-8°, imprimés en caractères elzéviriens. Prix .F. 15
— **100 exemplaires** numérotés, tirés sur papier de Hollande. Prix...............F. 30

HISTOIRE DU COMMERCE *et de la Navigation à Bordeaux*, principalement sous la domination anglaise, par FRANCISQUE-MICHEL, correspondant de l'Institut. 2 vol. in-8° avec carte. F. 15

ÉLÉMENTS D'AGRONOMIE, première partie : Notions préliminaires mises à la portée des Agriculteurs, par le Dr Henry ISSARTIER, in-18 cart. Prix..................................F. 0 75

LA VIGNE, leçons familières sur la gelée et l'oïdium, leurs causes réelles et les moyens d'en prévenir les effets, par M. N. BASSET, professeur de chimie appliquée à l'agriculture, 1 vol. in-12..................................F. 5

PETIT MANUEL *de la taille de la vigne dans les forts terrains de la Gironde*, par J. VIGNAL, propriétaire, 1 vol. in-8° avec planches....F. 1

LES HUITRES, par l'abbé MOULS, curé d'Arcachon, 1 vol. in-12, 3e édition.........F. 1 25

LEÇON SUR LE PHYLLOXERA faite à la Faculté des Sciences, le 17 juillet 1874, par M. A. BAUDRIMONT, in-8°. Prix................F. 1

INVASION DU PHYLLOXERA *dans le Médoc*, moyens proposés pour résister à son action, par M. A. BAUDRIMONT, professeur à la Faculté des Sciences de Bordeaux, br. in-8° (1877)..F. 1 25

LE PHYLLOXERA *et les Cultures profondes*, par le Vte Maurice d'IBARRART D'ETCHE OYEN, brochure in-4°...........................F. 1

QUESTION DES VIGNES AMÉRICAINES au point de vue théorique et pratique, par A. MILLARDET, professeur de botanique à la Faculté des Sciences de Bordeaux, br. in-8° avec planch...F. 2

HISTOIRE DES PRINCIPALES VARIÉTÉS ET ESPÈCES DE VIGNES D'ORIGINE AMÉRICAINE qui résistent au phylloxera, par A. MILLARDET. Cet ouvrage formera 4 livraisons grand in-4° richement illustrées et coûtera 28 fr. — En vente la 1re livraison : Clinton..........F. 2 50

DES PLANTATIONS ET DES GRANDS ARBRES DANS LA GIRONDE *et les départements limitrophes*, par M. J.-A. ESCARPIT, horticulteur-paysagiste, in-18..........................F. 0 75

VARIÉTÉS BORDELAISES (*réimpression*) ou essai historique et critique sur la topographie ancienne et moderne du Diocèse de Bordeaux, par l'abbé BAUREIN, édit. de luxe accompagnée d'une préface sur la vie et les Œuvres de l'abbé Baurein, par M. G. Méran, et d'une table générale alphabétique et détaillée par M. le Marquis de Castelnau-d'Essenault, 3 beaux vol. in-8°. Prix..................................F. 22 50
— **150 exemplaires** numérotés tirés sur papier de Hollande, au prix de........F. 45

RECHERCHES SUR LA VILLE DE BORDEAUX, par l'abbé BAUREIN, Œuvres inédites formant le 4e volume des *Variétés Bordelaises*, in-8°, 436 pages. Prix.......................F. 7 50
— Sur papier de Hollande, les 4 vol......F. 60

— BORDEAUX. — IMPRIMERIE BORDELAISE J. LAMARQUE, RUE PORTE-DIJEAUX, 43. —

www.ingramcontent.com/pod-product-compliance
Lightning Source LLC
Chambersburg PA
CBHW071658200326
41519CB00012BA/2560